数字化设计与制造领域人才培养系列教材
高等职业教育系列教材

机械 CAD/CAM

组　　编　北京数码大方科技股份有限公司
主　　编　赵永刚　宋放之　李长亮
副 主 编　许妍妩　常生德　陈寿霞　张晨亮
参　　编　黄绍格　赵剑波　于成珂　朱丙新　王二建
主　　审　石凤武

机械工业出版社

本书以职业院校学生在制造业数字化转型背景下对 CAD/CAM 技术职业技能的需求为出发点进行项目化设计编排，以 CAXA CAM 制造工程师软件为载体，组织了企业应用实例，对 CAD/CAM 软件在工程设计和机械加工过程中的应用有相对全面的介绍。

本书主要讲解了应用 CAXA CAM 制造工程师软件进行三维曲线绘制以及曲面实体造型，为数控程序编制提供正确有效的几何数据支撑；通过对具体案例的加工工艺分析、数控编程、仿真验证与代码生成的讲解，帮助读者掌握综合应用 CAXA CAM 制造工程师软件进行产品造型与加工编程的知识与技能，由浅入深、由易到难、全面系统、层次清晰地介绍了机械 CAD/CAM 课程的教学内容。

本书可作为高等职业院校机械设计与制造、数字化设计与制造技术、数控技术、机械制造及自动化、模具设计与制造、机电一体化技术等专业相关课程的教材，也可作为本科院校工程训练的辅助教材，还可作为制造企业工程技术人员及 CAXA CAD/CAM 用户的技术参考用书或培训教材。

本书配有教学视频，可扫描书中二维码直接观看，还配有电子课件、习题答案等，需要的教师可登录机械工业出版社教育服务网 www.cmpedu.com 免费注册，审核通过后下载，或联系编辑索取（微信：13261377872，电话：010-88379739）。

图书在版编目（CIP）数据

机械 CAD/CAM/北京数码大方科技股份有限公司组编；赵永刚，宋放之，李长亮主编. —北京：机械工业出版社，2023.7（2024.1 重印）
数字化设计与制造领域人才培养系列教材　高等职业教育系列教材
ISBN 978-7-111-73173-3

Ⅰ.①机… Ⅱ.①北…②赵…③宋…④李… Ⅲ.①机械设计-计算机辅助设计-应用软件-高等职业教育-教材②机械制造-计算机辅助制造-计算机辅助设计-应用软件-高等职业教育-教材　Ⅳ.①TH122②TH164

中国国家版本馆 CIP 数据核字（2023）第 084019 号

机械工业出版社（北京市百万庄大街 22 号　邮政编码 100037）
策划编辑：曹帅鹏　　责任编辑：曹帅鹏　赵小花
责任校对：李小宝　梁　静
责任印制：单爱军
北京虎彩文化传播有限公司印刷
2024 年 1 月第 1 版第 2 次印刷
184mm×260mm · 13.5 印张 · 360 千字
标准书号：ISBN 978-7-111-73173-3
定价：55.00 元

电话服务　　　　　　　　网络服务
客服电话：010-88361066　　机　工　官　网：www.cmpbook.com
　　　　　010-88379833　　机　工　官　博：weibo.com/cmp1952
　　　　　010-68326294　　金　书　网：www.golden-book.com
封底无防伪标均为盗版　　　机工教育服务网：www.cmpedu.com

Preface 前　言

CAD/CAM 技术是数字化设计制造技术的重要组成部分，是企业提高产品与工程设计水平、降低消耗、缩短产品开发与项目周期、大幅度提高劳动生产率的重要手段，是提高研究与开发能力、提高创新能力和管理水平、增强市场竞争力和参与国际竞争的必要条件。推广和应用 CAD/CAM 技术，为数控加工技术和机械制造行业带来了全新的思维模式和重要变革，也是制造企业的迫切需求。国内各类加工制造企业对先进制造技术及数控设备应用的日益普及，使得 CAD/CAM 技术应用的重要性日益凸显，应用水平也逐步提升。随着计算机硬件与工业软件技术的不断发展，CAD/CAM 技术逐步向着集成化、智能化、标准化、网络化的方向发展，这对职业院校学生掌握相应技术提出了更高的要求。

党的二十大报告指出"加快实现高水平科技自立自强"。长期以来，我国十分重视国产工业软件的发展，大力推进自主工业软件体系化发展和产业化应用。CAXA CAM 制造工程师软件是我国拥有自主知识产权的 CAD/CAM 系统。它基于 CAXA 3D 平台开发，采用 3D 实体造型、线架曲面造型等混合建模方式，并提供具有卓越工艺性的 2~5 轴数控铣削、2 轴车削、车铣复合、雕刻加工等特种数控加工编程功能，为数控加工提供从 2D/3D 造型设计到加工轨迹代码生成、加工仿真、代码校验以及实体仿真的高效技术工具。由于其功能强、易掌握、使用方便、符合国内加工制造人员使用习惯的特点，受到国内加工制造人员的喜爱，被广泛应用于机械制造领域，已经成为中国制造业加工制造领域广泛应用的 CAD/CAM 软件之一。

为了满足高等职业院校的教学需要，加快我国高素质紧缺型、技能型人才培养的步伐，本书根据《关于推动现代职业教育高质量发展的意见》政策精神，贴合生产实际与岗位需求，以职业院校学生对 CAD/CAM 应用的职业技能需求为出发点进行项目化设计编排。本着"适度、必需、够用"的原则，以"项目导向、任务驱动、工学结合"的教学模式进行编写，突出实用性，以实例任务为教学单元，注重对学生职业能力和创新精神、实践能力的培养，加强对学生主动思维的调动。

本书项目根据企业实际 CAM 应用情况进行编写，具有一定的针对性。项目 1 对 CAXA CAM 制造工程师软件进行概要介绍；项目 2 介绍三维曲线绘制的分析思路与具体方法；项目 3~项目 5 分别侧重于实体建模、曲面建模与混合建模方式，应用 CAXA CAM 制造工程师软件针对具体零件产品实例进行建模策略与实操路径的讲解；项目 6 以基于线架和实体数据的 CAM 编程案例为载体，对不同类型零件的加工工艺进行分析，并选取适当的加工指令实现加工程序编制。本书内容的规划体现了 CAD/CAM 应用从简单到复杂的循序渐进过程，有助于学生较好地理解和掌握相关知识点，快速掌握 CAXA CAM 制造工程师软件的常用功能，从而达到零适应期的工作岗位要求。对于没有在项目中体现的相关知识点，本书通过技巧提示的方式让学生掌握相关的技术，起到举一反三的作用，使学生对 CAXA CAM 制造工程师软件应用有相对全面的理解。

本书由北京数码大方科技股份有限公司（简称 CAXA 数码大方）组织编写。由郑州电力职业技术学院赵永刚、北京航空航天大学宋放之、CAXA数码大方李长亮任主编，由河北石油职业技术大学石凤武担任主审，CAXA数码大方许妍妩、山东工业职业学院常生德、贵州装备制造职业学院陈寿霞、陕西国防工业职业技术学院张晨亮担任副主编，CAXA数码大方黄绍格、赵剑波、于成珂、朱丙新、王二建参编。本书的完成得到了天津职业技术师范大学、天津职业大学、浙江工业职业技术学院、常州机电职业技术学院、江苏电子信息职业学院、常州信息职业技术学院、四川信息职业技术学院等院校的指导与帮助，在此一并表示感谢。

由于编者水平有限，书中错误在所难免，诚请广大读者批评指正。

编 者

二维码清单

名称	图形	页码	名称	图形	页码
2-1 连杆绘制		19	4-3 马鞍面造型		134
2-2 机箱盖板绘制		22	4-4 鼠标造型		139
2-3 端盖绘制		25	5-1 槽轮造型		146
2-4 支架绘制		27	5-2 文具架造型		152
3-1 底座造型		32	5-3 五角星圆盘造型		159
3-2 泵体造型		42	5-4 椭圆曲面造型		164
3-3 基座造型		66	6-1 凸台零件加工		172
3-4 主动轴造型		84	6-2 曲面零件加工		184
4-1 瓶塞造型		108	6-3 连杆零件加工		192
4-2 盖板造型		116	6-4 四轴零件加工		198

目　录 Contents

前言
二维码清单

项目 1　初识 CAXA 制造工程师 ... 1

学习准备 1.1　CAXA 制造工程师简介 ... 1

　1.1.1　CAXA 制造工程师软件的功能及特点 ... 1
　1.1.2　启动 CAXA 制造工程师 ... 5

学习准备 1.2　CAXA 制造工程师基础知识 ... 5

　1.2.1　用户界面构成 ... 5
　1.2.2　文件管理 ... 7
　1.2.3　几何构造 ... 8
　1.2.4　几何拾取工具 ... 12
　1.2.5　常用键使用方法 ... 18

拓展训练 ... 18

项目 2　三维曲线绘制 ... 19

2.1　绘制连杆轮廓图 ... 19

　任务描述 ... 19
　任务分析 ... 20
　任务实施 ... 20

2.2　绘制机箱盖板轮廓图 ... 22

　任务描述 ... 22
　任务分析 ... 22
　任务实施 ... 22

2.3　绘制端盖轮廓图 ... 25

　任务描述 ... 25
　任务分析 ... 26
　任务实施 ... 26

2.4　绘制支架轮廓图 ... 27

　任务描述 ... 27
　任务分析 ... 27
　任务实施 ... 28

拓展训练 ... 30

项目 3　实体造型 ... 31

3.1　底座零件造型 ... 32

　任务描述 ... 32
　任务分析 ... 32
　任务实施 ... 33

3.2　泵体零件造型 ... 42

　任务描述 ... 42
　任务分析 ... 43
　任务实施 ... 43

Contents 目录

3.3 基座零件造型 ················ 66
　　任务描述 ················ 66
　　任务分析 ················ 67
　　任务实施 ················ 67

3.4 主动轴零件造型 ················ 84
　　任务描述 ················ 84
　　任务分析 ················ 84
　　任务实施 ················ 84

　　拓展训练 ················ 105

项目 4　曲面造型 ················ 108

4.1 瓶塞造型 ················ 108
　　任务描述 ················ 108
　　任务分析 ················ 109
　　任务实施 ················ 110

4.2 盖板造型 ················ 116
　　任务描述 ················ 116
　　任务分析 ················ 116
　　任务实施 ················ 118

4.3 马鞍面设计 ················ 134
　　任务描述 ················ 134
　　任务分析 ················ 134
　　任务实施 ················ 135

4.4 鼠标设计 ················ 139
　　任务描述 ················ 139
　　任务分析 ················ 139
　　任务实施 ················ 140

　　拓展训练 ················ 145

项目 5　曲面实体混合造型 ················ 146

5.1 槽轮的曲面实体混合造型 ········ 146
　　任务描述 ················ 146
　　任务分析 ················ 147
　　任务实施 ················ 148

5.2 文具架的曲面实体混合造型 ······ 152
　　任务描述 ················ 152
　　任务分析 ················ 153
　　任务实施 ················ 154

5.3 五角星圆盘的曲面实体混合造型 ················ 159
　　任务描述 ················ 159
　　任务分析 ················ 160
　　任务实施 ················ 161

5.4 椭圆曲面的实体混合造型 ········ 164
　　任务描述 ················ 164
　　任务分析 ················ 164
　　任务实施 ················ 166

　　拓展训练 ················ 170

项目 6　零件加工 172

6.1　凸台零件加工 172

6.1.1　工艺分析 173
6.1.2　加工设置 175
6.1.3　轨迹仿真验证 182
6.1.4　生成 G 代码 183

6.2　曲面零件加工 184

6.2.1　工艺分析 185
6.2.2　加工设置 186
6.2.3　轨迹仿真验证 191
6.2.4　生成 G 代码 192

6.3　连杆零件加工 192

6.3.1　工艺分析 192
6.3.2　加工设置 194
6.3.3　轨迹仿真验证 197
6.3.4　生成 G 代码 198

6.4　四轴零件加工 198

6.4.1　工艺分析 198
6.4.2　加工设置 201
6.4.3　轨迹仿真验证 204
6.4.4　生成 G 代码 204

拓展训练 205

参考文献 208

项目 1　初识 CAXA 制造工程师

教学目标

知识目标：
1) 了解 CAXA 制造工程师软件的特点，熟悉软件使用界面。
2) 了解 CAXA 制造工程师的安装环境要求与启动方法。
3) 理解加工编程所需的基本几何元素概念。

能力目标：
1) 掌握 CAXA 制造工程师软件具有哪些功能。
2) 掌握 CAXA 制造工程师文件管理、几何构造、拾取几何元素和常用键的使用。

素养目标：
1) 养成自主学习、钻研软件各功能知识点的习惯。
2) 养成使用快捷键的习惯，提高设计效率。

项目内容

本项目主要介绍 CAXA 制造工程师软件的界面组成及每个部分的概况和基本操作。通过本项目的学习，可以使学生对软件的基本框架有一个了解。
1) 新建、打开和保存文件相关的命令和操作。
2) 几何构造命令的操作。
3) 常用几何拾取工具的功能。
4) 软件中特殊键的用法。

学习准备 1.1　CAXA 制造工程师简介

1.1.1　CAXA 制造工程师软件的功能及特点

CAD/CAM(Computer Aided Design/Computer Aided Manufacturing) 是指计算机辅助设计与辅助制造技术。其以计算机及辅助软件系统为主要工具，帮助人们处理各种信息，进行产品的设计与制造，将传统的彼此相对独立的设计与制造工作结合为一个整体来考虑，实现信息处理的高度一体化。CAD 一般是指工程技术人员以计算机为辅助工具，完成产品的设计、工程分析、绘图等工作。狭义的 CAM 一般仅指 NC(Numerical Control，数值控制) 程序编制，包括刀具路径规划、刀位文件生成、刀具轨迹仿真及 NC 代码生成等。广义的 CAM 是指工程技术人员以计算机为辅助工具，完成从生产准备到产品制造整个过程的活动，包括工艺过程设计、工装设计、NC自动编程、生产作业计划、生产控制、质量控制等。目前，CAD/CAM主要用于产品设计与加工程序编制过程，其应用能够大大提高设计效率，优化设计方案，减轻设计人员的工作强度，缩短设计周期，提升设计标准化程度。

CAXA CAM制造工程师是基于CAXA 3D平台开发的CAD/CAM系统，采用3D实体造型、线架曲面造型等混合建模方式，与数控车及线切割共同组成了CAXA CAM产品系列，提供了具有卓越工艺性的2~5轴数控铣削、2轴车削、车铣复合、雕刻加工等特种数控加工编程。它能为数控加工提供从2D/3D造型设计到加工轨迹代码生成、加工仿真、代码校验以及实体仿真的工具。2D/3D模型数据兼容性强，无需中间格式转换，支持线框仿真、实体仿真、轨迹反读等仿真类型，具有智能、高效、安全、丰富的特性，其主要功能特点如下。

1. 2D/3D设计与CAM一体化，无缝集成专业工程图

CAXA CAM制造工程师无缝集成了CAXA CAD电子图板和3D实体设计，可以在同一软件环境下轻松进行3D、2D设计和数控编程，不再需要其他独立的二维和三维软件，彻底解决了采用传统单一3D设计平台面临的挑战。图1-1所示为制造工程师环境下生成的工程图。

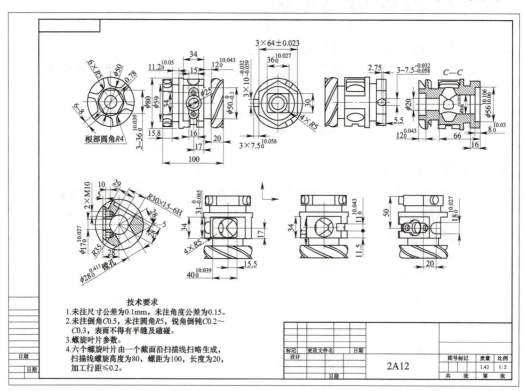

图1-1　工程图

2. 特征实体造型

CAXA CAM制造工程师采用精确的特征实体造型技术，可将设计信息用特征术语来描述，简便而准确。常见的特征包括孔、槽、型腔、凸台、圆柱体、圆锥体、球体和管子等，CAXA CAM制造工程师可以方便地建立和管理这些特征信息。实体模型的生成可以用增料方式，通过拉伸、旋转、导动、放样或加厚曲面来实现，也可以通过减料方式，从实体中减掉实体或用曲面裁剪来实现，还可以用等半径过渡、变半径过渡、倒角、打孔、增加拔模斜度和抽壳等高级特征功能来实现。

3. NURBS(Non-Uniform Rational B-Splines)自由曲面造型

CAXA CAM 制造工程师提供了丰富的从线框到曲面的建模手段。可通过列表数据、数学模型、字体文件及各种测量数据生成样条曲线，通过扫描、放样、拉伸、导动、等距、边界网格等多种形式生成复杂曲面，并可对曲面进行灵活裁剪、过渡、拉伸、缝合、拼接、相交和变形等编辑操作，建立复杂的曲面模型。通过曲面模型生成的真实感图，可直观显示设计结果。

4. 曲面实体复合造型

CAXA CAM 制造工程师基于实体的"精确特征造型"技术，使曲面造型融合进实体特征中，形成一体化的曲面实体复合造型模式。利用这一模式，可实现曲面裁剪实体、曲面生成实体、曲面约束实体等混合操作，是用户设计产品和模具的有力工具。

5. 两轴到五轴丰富的数控加工编程策略

CAXA CAM 制造工程师将 CAD 模型与 CAM 加工技术无缝集成，可直接对曲面、实体模型进行一致的加工操作。支持轨迹参数化和批处理功能，明显提高工作效率；支持高速切削，大幅度提高了加工效率和加工质量。图 1-2 所示为生成刀具轨迹。

（1）两轴到两轴半加工方式　可直接利用零件的轮廓曲线（线架）生成加工轨迹指令，而无需建立其三维模型；提供轮廓加工和区域加工功能，加工区域内允许有任意形状和数量的岛。可分别指定加工轮廓和岛的拔模斜度，自动进行分层加工。

（2）三轴加工方式　多样化的加工方式可以安排从粗加工、半精加工到精加工的加工工艺路线。

（3）四轴到五轴加工方式　提供曲线加工、平切面加工、参数线加工、侧刃铣削加工等多种多轴加工功能。图 1-3 所示为定向加工刀具轨迹生成。

图 1-2　生成刀具轨迹

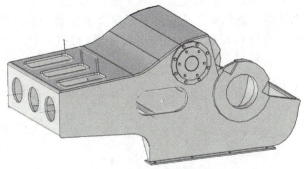

图 1-3　定向加工刀具轨迹生成

6. 智能钻孔加工

CAXA CAM 制造工程师可以智能识别零件模型中孔的直径和深度，并可以根据孔的轴线自动生成三轴或多轴轨迹，支持孔加工最短路线排列，并生成代码文件。相比传统加工策略能够有效提升 50% 以上的编程效率。图 1-4 所示为智能钻孔加工。

7. 多工位加工

多工位加工利用数控机床原有的加工能力和相应的功能，完成多个相同或

图 1-4　智能钻孔加工

者是不同工件的同时装夹与连续自动化加工，在一定程度上降低了加工过程中的生产辅助时间。这一过程中主轴切削运转率得到有效提升，对数控设备利用率以及加工效率提升具有重要作用，有利于提高材料使用的有效性，减少生产资金成本。图 1-5 所示为多工位加工示意。

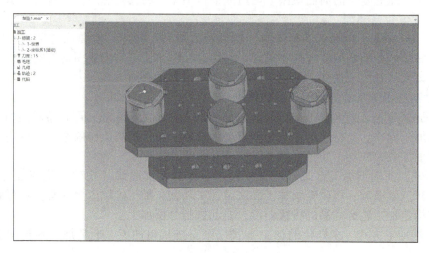

图 1-5　多工位加工

8. 通用的后置处理便捷化输出数控系统加工代码

CAXA CAM 制造工程师全面支持 SIEMENS、FANUC 等多种主流机床控制系统，提供的后置处理器，无需生成中间文件就可直接输出 G 代码控制指令。不仅可以提供常见的数控系统的后置格式，用户还可以定义专用数控系统的后置处理格式；可生成详细的加工工艺清单，方便 G 代码文件的应用和管理。图 1-6 所示为后置设置界面。

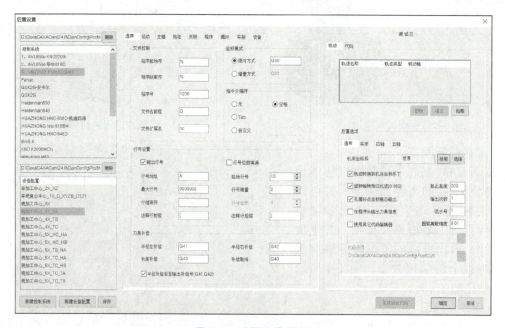

图 1-6　后置设置界面

1.1.2 启动 CAXA 制造工程师

1. PC 系统配置要求

CAXA 制造工程师以 PC 为硬件平台进行安装,可运行于 Windows 7(32 位/64 位)/Windows 8(32 位/64 位)/Windows 10(32 位/64 位) 系统平台之上。对硬件配置的最低要求为:8GB 内存、2.8GHz 以上 CPU、128bit、2GB 独立显卡。推荐的硬件配置为:16GB 以上内存、3.5GHz 以上 CPU、128bit、4GB 以上独立显卡及 20GB 以上硬盘。

2. 运行 CAXA 制造工程师的方法

有两种方法可以运行 CAXA 制造工程师。

1)在 CAXA 制造工程师正常安装完成后,桌面会出现"CAXA CAM 制造工程师"的图标,双击"CAXA CAM 制造工程师"图标就可以进入软件。

2)选择桌面左下角的"开始"→"程序"→"CAXA"/"CAXA CAM 制造工程师"→"CAXA CAM 制造工程师"进入软件。

学习准备 1.2　CAXA 制造工程师基础知识

1.2.1 用户界面构成

CAXA CAM 制造工程师的用户界面如图 1-7 所示。和其他 Windows 风格的软件一样,各种应用功能都可以通过快速启动栏中的菜单和功能区功能按钮驱动;状态栏指导用户进行操作并提示当前状态和所处位置;管理树当中的"设计环境"和"加工"两个立即菜单分别记录了建模与加工编程的历史操作和相互关系;绘图区显示各种功能操作的结果,同时,绘图区和管理树为用户提供了数据的交互功能;设计元素库为建模提供了标准化可编辑的图素模型,方便模型的快速搭建。

CAXA CAM 制造工程师工具栏中每一个按钮都对应一个菜单命令,单击按钮和单击菜单命令是完全一样的。

1. 绘图区

绘图区是用户进行绘图设计的工作区域,位于屏幕的中心,并占据了屏幕的大部分面积,如图 1-7 所示。广阔的绘图区为显示全图提供了清晰的空间。

在绘图区的中央设置了一个三维直角坐标系,该坐标系称为世界坐标系。它的坐标原点为(0.0000,0.0000,0.0000)。默认情况下,用户在操作过程中的所有坐标均以此坐标系的原点为基准。

2. 管理树

"加工"管理树以树形图的形式,直观展示了当前文档的坐标系、刀具、轨迹、代码等信息,并提供了很多管理树上的操作功能,便于用户执行各项与加工编程相关的命令。管理树框体默认位于绘图区的左侧,用户可以自由拖动它到适当的位置,也可以将其隐藏起来。"加工"管理树的总节点下主要有"坐标系""刀库""轨迹""代码"四个子节点,分别用于显示和管理坐标系信息、刀具信息、轨迹信息和 G 代码信息。

"设计环境"管理树的工作方式与"加工"管理树相似,CAD 建模的操作过程和造型特征的结构关系在此管理树上展示,右键单击管理树上的节点可以调出操作菜单,对模型特征进行编辑操作。

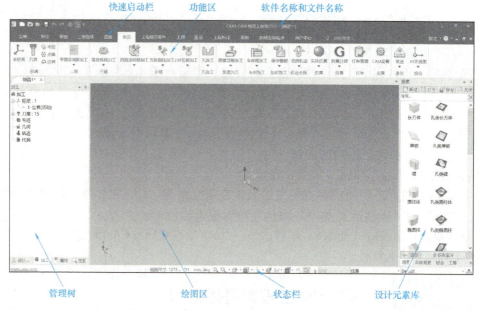

图 1-7　CAXA CAM 制造工程师的用户界面

3. 设计元素库

设计元素库提供了类型多样的实体类造型图素，便于用户通过拖拽的方式使用不同形状的图素快速组合搭建出零件造型。CAXA 制造工程师不仅具有丰富的简单构形图素，还集成了完全可满足基本设计需要的大量三维标准件、数以万计的符合新国标的 2D 零件库和构件库，用户只需用鼠标拖放即可快速得到紧固件、轴承、齿轮、弹簧等标准件。通过国标零件库，可方便地调用螺钉、螺栓、螺母、垫圈等紧固件及型钢等零件。除此之外，用户还可利用参数化与系列件变型设计的机制，轻松地进行系列件参数化设计。

4. 快速启动栏

快速启动栏是指界面最上方的菜单栏。单击菜单栏中的任意一个菜单项，都会快速进入一个对应功能区，如图 1-8 所示。

图 1-8　快速启动栏

快速启动栏包括菜单、特征、草图、三维曲线、曲面、制造、工程模式零件、工具、显示、工程标注、常用、加载应用程序和用户中心等菜单项。

5. 立即菜单

立即菜单描述了该项命令执行的各种情况和使用条件。用户根据当前的作图要求，正确地选择某一选项，即可得到准确的响应。

例如，单击快速启动栏中的"三维曲线"，单击功能区中的"三维曲线"按钮，界面左侧会弹出一个立即菜单，如图 1-9 所

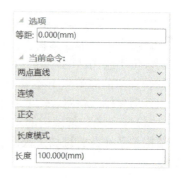

图 1-9　立即菜单

示。在立即菜单中，用鼠标选取其中的某一项（如"两点直线"），便会在下方出现一个选项菜单或者修改该项的选项，状态栏将显示相应的操作提示和执行命令状态。

除立即菜单外，单击某些菜单选项后系统会弹出一个对话框，要求用户以对话的形式进行交互，用户可根据当前操作需求做出响应。

1.2.2　文件管理

CAXA CAM 制造工程师提供了功能齐全的文件管理系统，其中包括文件的建立与存储、文件的打开与输入等。这些功能可以灵活、方便地对已有工程文件或软件界面上显示的信息进行管理。有序的文件管理环境既方便使用，又能够提高工作效率，是软件不可缺少的重要组成部分。

文件管理功能通过菜单栏"菜单"项中的"文件"下拉菜单来实现。选取"文件"选项，系统弹出一个下拉菜单，如图 1-10 所示。

选取相应的选项，即可实现对文件的管理操作。下面按照下拉菜单中列出的选项内容，介绍常用文件管理操作方法。

1. 新建

创建新的 .mcs 数据文件（扩展名为 .mcs 格式，是 CAXA 制造工程师生成的 CAM 加工编程文件）。选择"文件"下拉菜单中的"新文件…"，或者直接单击按钮 可以实现新建文件操作。

建立一个新文件后，用户就可以应用图形绘制、实体造型和轨迹生成等各项功能进行操作了。在保存文件前，当前的所有操作结果都仅记录在内存中，只有在执行保存操作以后，操作的成果才会被永久地保存下来。

2. 保存

将当前工作任务结果以文件形式保存。

选择"文件"下拉菜单中的"保存"，或者直接单击"保存"按钮，如果当前没有文件名，则系统弹出一个存储文件对话框，如图 1-11 所示。在对话框的"文件名"文本框内输入一个文件名，单击"保存"按钮，系统即按所给文件名保存。随时保存结果是一个好习惯。这样可以避免因发生意外而使成果丢失。

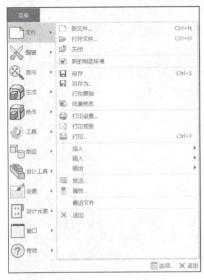

图 1-10　"文件"的下拉菜单

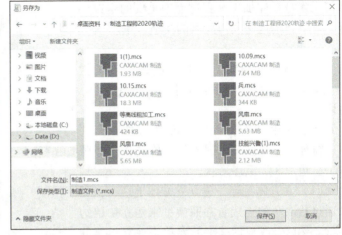

图 1-11　存储文件

3. 另存为

将当前工作任务结果文件以不同名副本保存。选择"文件"下拉菜单中的"另存为"，系统弹出一个文件存储对话框。在对话框的"文件名"文本框内输入一个文件名，单击"保存"按钮，系统以所给文件名保存。

4. 打开

打开一个已有的 CAXA 制造工程师所支持格式的数据文件，包括 .mcs、.iges、.x-t、.prt、.dxf 等几十种常用格式，可以将其他软件上生成的文件在打开后转换成 CAXA 制造工程师的文件格式，并进行处理。

1）选择"文件"下拉菜单中"打开"选项，或者直接单击"打开"按钮，弹出"打开"对话框，如图 1-12 所示。

2）如图 1-13 所示，选择相应的文件类型并选中要打开的文件名，单击"打开"按钮。

图 1-12　"打开"对话框

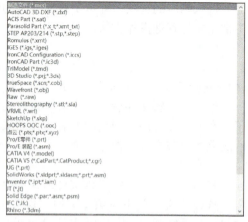

图 1-13　打开的文件类型

1.2.3　几何构造

毛坯、刀具、坐标系、点集、边界，这些几何元素是零件加工编程过程中重要的组成部分，本节介绍这些几何元素的构造方法。

1. 毛坯

在"制造"功能区中的"创建"工具栏中，单击"毛坯"按钮即可进入"创建毛坯"对话框。

在定义毛坯时，可以选择立方体、圆柱体、拉伸体、圆柱环、圆锥体、旋转体、圆球体、三角片 8 类毛坯形状。

（1）立方体毛坯　建立立方体毛坯时，可以通过拾取两角点或者参照模型来建立初始的形状，然后修改对话框中的参数来建立想要的立方体毛坯。其效果如图 1-14 所示。

- 拾取两角点：通过拾取毛坯的两个角点（与顺序位置无关）来定义立方体毛坯。

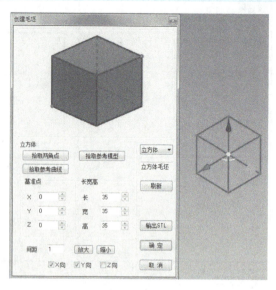

图 1-14　立方体毛坯

- 拾取参考模型：系统自动计算模型的包围盒，以此定义立方体毛坯。
- 间距：放大或缩小立方体毛坯时用，默认值是"1"。即 X 和 Y 方向上同时增加或减小 1 个单位。

（2）圆柱体毛坯　通过底面中心点、轴向、高度和半径等参数可以确定一个圆柱体毛坯，其中底面中心点和轴向可以在视图中选取，其效果如图 1-15 所示。

（3）拉伸体毛坯　建立拉伸体毛坯时，可以选择想要的平面轮廓、轴向、拉伸尺寸。其中轴向可以在视图中选取，效果如图 1-16 所示。

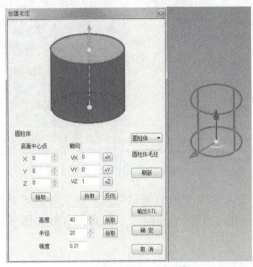

图 1-15　圆柱体毛坯

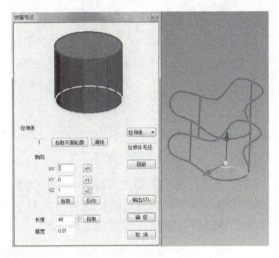

图 1-16　拉伸体毛坯

（4）圆柱环毛坯　建立圆柱环毛坯时，可以选择圆柱环的轴向，高度，内、外半径等。如图 1-17 所示。

（5）圆锥体毛坯　类似于圆柱体毛坯，只是多了一个参数"锥角"，其他参数参考圆柱体毛坯的描述。其效果如图 1-18 所示。

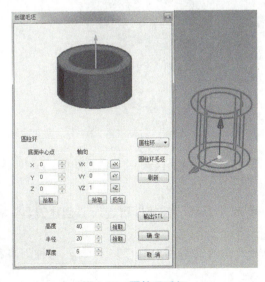

图 1-17　圆柱环毛坯

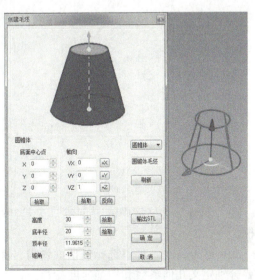

图 1-18　圆锥体毛坯

（6）旋转体毛坯　建立旋转体毛坯时，可以选择想要的平面轮廓和旋转轴。效果如图1-19所示。

（7）圆球体毛坯　通过定义球心点和半径，可以定义圆球体毛坯。其效果如图1-20所示。

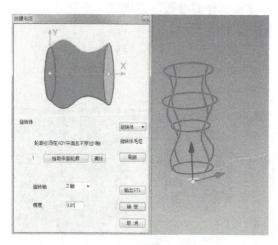
图1-19　旋转体毛坯

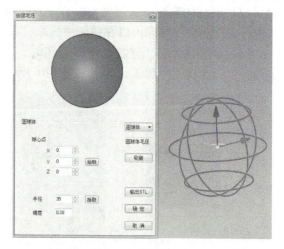
图1-20　圆球体毛坯

（8）三角片毛坯　通过打开一个.stl类型文件或者拾取文档中的零件，将该文件或零件中包含的三角片模型定义为毛坯。这种方式对定义复杂的、形状不规则的毛坯尤为有效。图1-21所示即为通过导入三角片模型定义的毛坯。

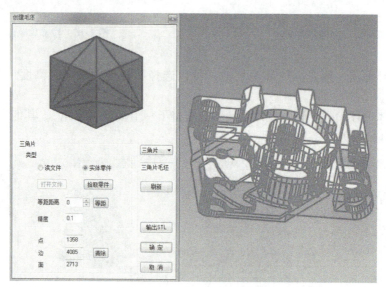
图1-21　三角片毛坯

2. 刀具

在"制造"功能区中的"创建"工具栏中，单击"刀具"按钮即可进入"创建刀具"对话框。

在创建刀具时，可以选择包括立铣刀、圆角铣刀在内的常用刀具，共14种。每种刀具都需要分别定义几何参数和切削速度参数。

（1）刀具的几何参数　"立铣刀"选项卡中的几何参数如图1-22所示，刀具种类不同，选项卡中包含的几何参数也会有所不同。

- 刀具号：刀具在加工中心里的位置编号，便于加工过程中换刀。
- 半径补偿号：刀具半径补偿值对应的编号。
- 刀具直径：刀刃部分最大截面圆的直径。
- 刀角半径：刀刃部分球形轮廓区域的半径，只对铣刀有效。
- 刀柄半径：刀柄部分截面圆半径。
- 刀尖角度：只对钻头有效，钻尖的圆锥角。
- 刀刃长度：刀刃部分的长度。
- 刀柄长度：刀柄部分的长度。
- 刀具全长：刀杆与刀柄长度的总和。

（2）刀具的切削用量　设定轨迹各位置的相关进给速度及主轴转速。"速度参数"选项卡中切削用量参数如图1-23所示。

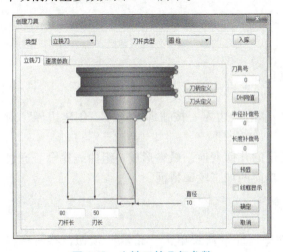

图1-22　立铣刀的几何参数　　　　　　图1-23　切削用量参数

- 主轴转速：设定主轴转速的大小，单位为 r/min（转/分）。
- 慢速下刀速度（F0）：设定慢速下刀轨迹段的进给速度的大小，单位为 mm/min。
- 切入切出连接速度（F1）：设定切入轨迹段、切出轨迹段、连接轨迹段、接近轨迹段、返回轨迹段的进给速度的大小，单位为 mm/min。
- 切削速度（F2）：设定切削轨迹段的进给速度的大小，单位为 mm/min。
- 退刀速度（F3）：设定退刀轨迹段的进给速度的大小，单位为 mm/min。

3. 坐标系

在"制造"功能区中的"创建"工具栏中，单击"坐标系"按钮即可进入"创建坐标系"对话框。

在创建加工文档时，系统自行生成的世界坐标系即被激活，此时所有加工功能将默认在世界坐标系下生成轨迹。用户也可以使用坐标系功能自己创建新的坐标系，并在新坐标系下生成轨迹。

通过定义新坐标系的名称、原点坐标、X、Y、Z 轴的矢量等参数，就可以生成用户自己的坐标系。新生成的坐标系将自动被激活，成为后续加工功能的默认坐标系。也可以在管理树的"坐标系"节点上单击右键，在弹出的快捷菜单中使用"激活"命令来手动激活某个坐标系。

4. 点集

在"制造"功能区中的"创建"工具栏中,单击"点集"按钮即可进入"创建点集"对话框。

点集是指按照一定的规律一次性生成一组单点的功能。该功能在孔加工中,定义孔特征位置点时十分有用。"创建点集"对话框如图1-24所示。

有"沿轮廓分布"和"在平面区域内分布"两种模式。使用"沿轮廓分布"时,需要先拾取一个曲线轮廓,并依照设置的点的个数或者点间距,自动沿着拾取的曲线轮廓生成若干个点。使用"在平面区域内分布"时,需要拾取一个封闭轮廓,并依照设置的水平和垂直间距,自动在区域内生成均匀分布的若干个点。

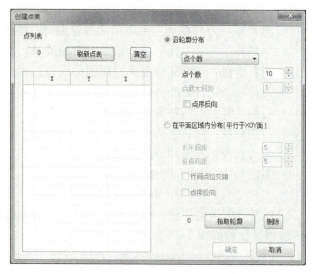

图1-24 创建点集

5. 边界

在"制造"功能区中的"创建"工具栏中,单击"边界"按钮即可进入"创建边界"对话框。

边界功能可以用于提取零件边界线,进行特定的几何变换,最终形成一组曲线集合。通过边界功能生成的曲线集合可以直接作为很多加工功能的加工轮廓特征。

1.2.4 几何拾取工具

在加工编程指令的参数设置页面或几何页面中,经常需要单击"拾取"按钮,然后在视图中拾取需要的几何元素,完成对参数的定义。该按钮可以启动几何拾取工具命令,这些命令在零件加工编程过程中会频繁使用。

几何拾取工具包括:曲线拾取工具、轮廓拾取工具、曲面拾取工具、参数面拾取工具、点拾取工具、方向拾取工具和毛坯拾取工具等,本节分别介绍这些拾取工具的使用方法。

1. 拾取工具通用操作

虽然几何拾取工具种类繁多,但界面和操作步骤还是有很大的通用性。以轮廓拾取工具为例讲解通用的操作步骤。"轮廓拾取工具"对话框如图1-25所示。

"拾取元素类型"选项组中显示的类型是拾取工具当前可拾取的对象类型,当鼠标指针移到当前类型的对象上时,当前对象以绿色显示,表示该对象可拾取。

"选中对象"列中列出的是已拾取到的目标对象,已拾取到的目标对象会被标记成蓝色。

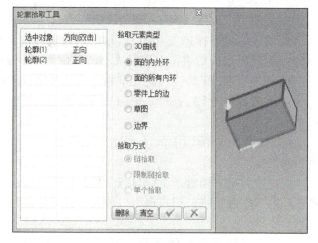

图1-25 轮廓拾取工具

如图 1-25 所示，当用户选中"选中对象"列第二行时，第二行所对应的目标对象会被临时标记成红色，这时用户可以按<Delete>键移除该对象。

如果某拾取对象"方向"列有"正向"或"反向"描述，那么用户可以双击"方向"列单元格改变拾取对象的箭头方向。单击"清空"按钮会直接清空所有已选中的对象；单击鼠标右键或"确定"按钮将完成曲线拾取，按<Esc>键或单击"取消"按钮则会取消当前拾取。

2. 曲线拾取工具

支持对 3D 曲线、曲面的内外环、实体上的边的拾取。执行"曲线包裹"命令拾取曲线时会用到该功能。"曲线拾取工具"对话框如图 1-26 所示。

图 1-26　曲线拾取工具

（1）拾取 3D 曲线　鼠标指针经过单根曲线时，该曲线会以绿色显示，表示可拾取。这时用户单击曲线上任意一点则曲线会标记成蓝色并添加到对话框的列表中，表示已选中。支持多条曲线的框选（注意框选是先在一角点单击鼠标左键按住不放，再在另一角点松开左键），框选到的曲线也会添加到对话框列表里，并标记成蓝色。

（2）拾取面的内外环　鼠标指针经过曲面时，该曲面会以绿色显示，表示可以拾取面上的环。用户可以单击曲面上任意靠近目标环的点（注意不要直接单击环上的边，因为系统仅从环上的一条边提取不到整个环数据，所以必须单击位于曲面上但不在环上的点），系统会根据用户单击点的位置来判断应该提取曲面的哪个环，即用户单击点的位置距离哪个环最近则会选中哪个环。

（3）拾取零件上的边　鼠标指针经过实体零件上的边时会以绿色显示，这时单击该边上的任意一点则会选中该边并添加到对象列表中。

3. 轮廓拾取工具

支持对 3D 曲线、曲面的内外环和零件上的边的拾取。在平面轮廓精加工和平面区域粗加工等加工功能中用于拾取轮廓曲线、岛屿曲线。

（1）拾取 3D 曲线　鼠标指针经过单根曲线时，该曲线会以绿色显示，表示可拾取。这时用户单击曲线上任意一点则会在曲线中间位置生成双向箭头，表示可以按其中一个方向搜索轮廓曲线。当鼠标指针经过其中一个箭头时，则该箭头会被临时标记成洋红色。单击洋红色的箭头，系统则按该箭头的方向搜索与之相连的其他所有曲线，最后将搜索结果标记成蓝色，并添加到对话框的列表中。如图 1-27 所示。

支持对多个轮廓的框选，框选到的曲线会标记成蓝色。这时系统提示"请继续框选，右键结束框选"，单击右键结束框选后，系统会根据所有框选曲线的连接情况拼接成一条闭合或开放的轮廓，并添加到对话框列表中。每条轮廓都自带方向，用户可以双击对话框列表中"方向"列的单元格来改变轮廓方向。如图 1-28 所示。

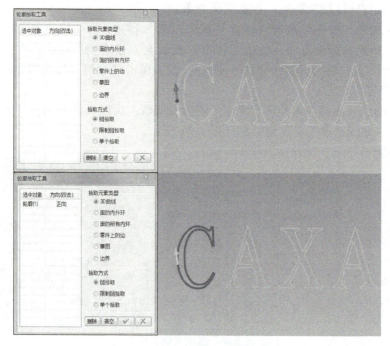

图 1-27　轮廓拾取工具

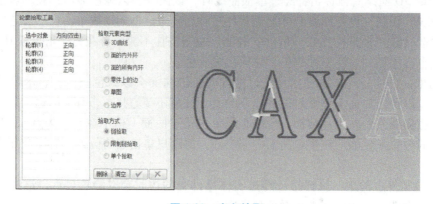

图 1-28　方向拾取

　　(2) 拾取面的内外环　鼠标指针经过曲面时，该曲面会以绿色显示，用户可以单击曲面上任意靠近目标环的点（注意不要直接单击环上的边，因为系统仅从环上的一条边提取不到整个环数据，所以必须单击位于曲面上但不在环上的点），系统会根据用户单击点的位置来判断应该提取曲面的那个环，即鼠标拾取点的位置距离哪个环最近则会选中哪个环。如图 1-29 所示，零件顶面有两个环，一个方形外环和一个键形内环。鼠标单击点距离内环更近，所以该内环就被选中。曲面上的每个环都自带有方向，用户可以双击对话框列表中"方向"列的单元格来改变轮廓方向。

　　(3) 拾取零件上的边　鼠标指针经过零件上的边时会以绿色显示。这时单击该边上的任意一点即选中该边，如图 1-30 所示。与曲线拾取工具不同的是，选中的边不会立即添加到对话框列表中，而是提示用户"请继续拾取体上边，右键结束"。单击右键时，系统会将已拾取

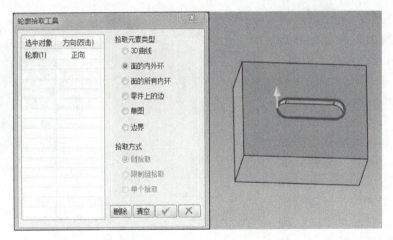

图 1-29　拾取面的内外环

的边首尾相连,组成一条轮廓(包括不闭合轮廓),并添加到对话框列表中,每个轮廓自带方向,用户可以双击"方向"列的单元格调整方向。

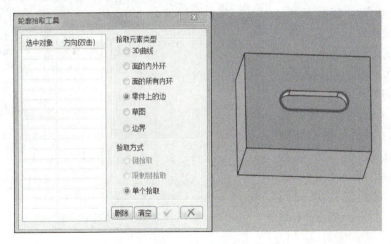

图 1-30　拾取零件上的边

4. 曲面拾取工具

支持对零件、曲面或实体上的面进行拾取。在等高粗加工、等高精加工、扫描线精加工、五轴平行加工等功能中用于拾取加工曲面。

(1) 拾取零件　鼠标指针移到零件上,然后单击零件上任意一点,则零件以蓝色显示并被添加到"选中对象"列中。如图 1-31 所示。

(2) 拾取面　鼠标指针移到曲面上,曲面会临时以绿色显示。然

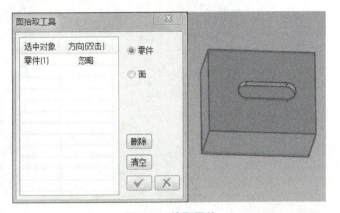

图 1-31　拾取零件

后单击曲面上任意一点,则曲面以蓝色显示并被添加到"选中对象"列中,双击"方向"列单元格可以改变曲面方向。如图 1-32 所示。

5. 参数面拾取工具

在参数线精加工和五轴参数线加工功能中用于拾取加工曲面。

在参数线加工中，仅仅拾取曲面还不够，还要拾取曲面的一个角点以及加工方向。单击曲面上任意一点，系统会计算出该曲面的四个角点，单击"角点1/2/3/4"可以切换当前角点。每个角点都有两个加工方向，可以指定其中一个方向，双击"方向"列单元格可以调整曲面方向。如图1-33所示。

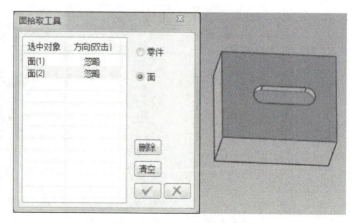

图 1-32　拾取面

6. 点拾取工具

支持对曲线、曲面、实体上的特征点进行拾取。在孔加工、铣圆孔加工、铣螺纹孔加工、G01钻孔等功能中用于拾取孔点。

（1）点　鼠标指针经过曲线、曲面、实体上的特征点时，曲线、曲面会临时以绿色显示，其特征点会加大显示，表示可拾取该特征点。这时单击该特征点，则特征点以蓝色显示，表示已拾取到该点，并将拾取到的点添加到"选中对象"列中。如图1-34所示。

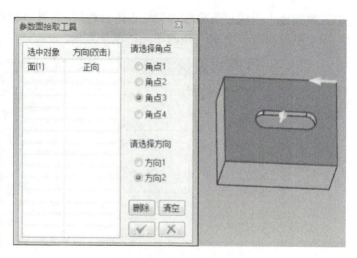

图 1-33　参数面拾取工具

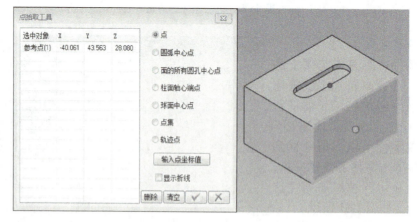

图 1-34　点拾取工具

（2）圆弧　对于曲面上的圆或圆弧，其圆心因为遮挡有时并不容易捕捉到，所以点拾取工具对其进行了优化处理。当拾取对象类型是圆弧时，单击圆弧上任意一点都会选中其圆心。

如图1-35所示。

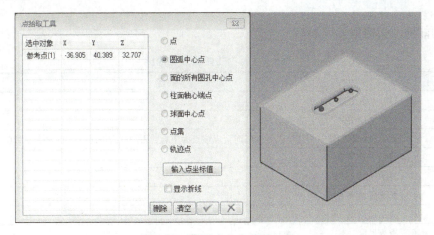

图1-35 圆弧中心点拾取工具

7. 方向拾取工具

支持拾取直线方向，圆或圆弧切线方向，平面法向，柱面轴向，实体边方向，实体面法向等。在定义圆柱形毛坯时用于拾取柱面轴心线。

鼠标指针移到曲线、曲面或实体上时，可拾取的对象会临时以绿色显示，单击对象，系统会提取该对象的方向。当用户单击柱面时，会在轴线处生成一个黄色箭头，表示已拾取到一个矢量。用户可以双击对话框中"方向"列的单元格改变方向。如图1-36所示。

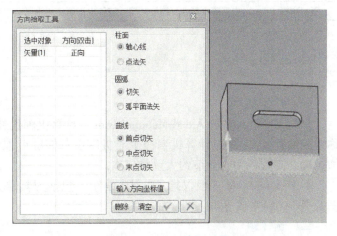

图1-36 方向拾取工具

8. 毛坯拾取工具

等高线粗加工和实体仿真功能需要拾取毛坯，与上述的拾取工具不同，毛坯拾取工具没有对话框，有两种方式可以拾取毛坯。第一种是直接将鼠标指针移到视图中的毛坯线框上然后单击，这时被选中的毛坯线框会以红色显示，并且"加工"立即菜单中对应的毛坯项呈现选中状态；另一种方式是用户直接单击"加工"立即菜单中的毛坯，然后在视图中单击右键完成拾取操作。如图1-37所示。

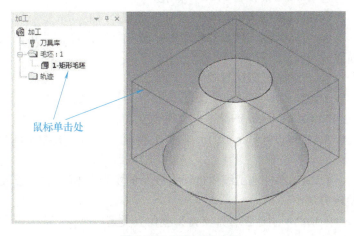

图1-37 毛坯拾取工具

1.2.5 常用键使用方法

常用功能键及快捷键见表 1-1。

表 1-1 常用功能键及快捷键

常用键	功　能
\<F1\>	打开系统帮助
\<F2\>	拖动鼠标指针上下左右移动
\<F3\>	如果鼠标捕捉到一个实体点，旋转时会以该点为中心，否则就会以屏幕中心为旋转中心
\<F5\>	显示 XOY 平面
\<F6\>	显示 YOZ 平面
\<F7\>	显示 XOZ 平面
\<F8\>	显示轴测图
\<F9\>	透视显示
鼠标左键	激活菜单、确定位置点、拾取元素
鼠标右键	确认拾取、结束操作、终止命令
鼠标中键	中键滚轮滚动可缩放模型，按住中键滚轮移动鼠标为旋转模型

【拓展训练】

一、判断题

1. CAM（Computer Aided Manufacturing，计算机辅助制造）的核心是计算机数值控制（简称数控编程），是通过计算机编程生成机床设备能够读取的 NC 代码，从而使机床设备运行更加精确、高效，为企业节约大量的成本。　　　　　　　　　　　　　　　　　　　（　　）

2. 广义的 CAM 一般仅指 NC 程序编制，包括刀具路径规划、刀位文件生成、刀具轨迹仿真及 NC 代码生成等。　　　　　　　　　　　　　　　　　　　　　　　　　　（　　）

二、选择题

1. 关于 CAXA 制造工程师功能特点，下面说法正确的是（　　）。

① 2D/3D 设计与 CAM 一体化

② 可以提供 2~5 轴数控铣加工编程

③ 可以智能识别零件模型中孔的直径和深度，并可以根据孔的轴线自动生成三轴或多轴轨迹

④ 支持全机床仿真功能

A. ②③　　　　　　　B. ①③　　　　　　　C. ①④　　　　　　　D. ①②③

2. CAXA CAM 产品不包含哪一款（　　）。

A. 实体设计　　　　　B. 制造工程师　　　　C. 数控车削　　　　　D. 线切割

三、简答题

1. 简述零件加工编程过程中涉及的主要几何元素，以及加工指令参数设置时常用的几何拾取方法。

2. CAXA 制造工程师支持哪些仿真类型？

项目 2　三维曲线绘制

教学目标

知识目标：
1) 了解 CAXA 制造工程师三维曲线的基本绘制功能。
2) 掌握 CAXA 制造工程师三维曲线常用编辑方法。
3) 理解点、线、面的构成关系，理解绘图坐标系及三维曲线的绘制思路。

能力目标：
1) 能够正确选择合适的绘图平面，并在不同平面切换进行三维曲线绘制及编辑。
2) 能结合图样要求使用绘制辅助线的方式完成三维曲线的绘制。
3) 能结合图样要求熟练使用三维曲线中直线、圆、矩形等功能进行曲线的绘制。
4) 能够熟练使用三维曲线中过渡/倒角、裁剪曲线、移动曲线、平面镜像、偏移曲线、阵列曲线等功能进行曲线修改。
5) 能灵活使用点拾取工具辅助绘图。

素养目标：
1) 养成在绘制数模文件前根据图样分析图形构成元素与使用绘图方法的习惯。
2) 养成规范化绘制三维曲线的习惯，形成良好的职业素养。
3) 建立对新技术良好的认知能力和严谨踏实的工作作风。
4) 培养使用 CAD 工具解决零件三维曲线绘制问题的能力。

项目内容

在进行 CAM 编程之前，可以选择先绘制出零件三维实体作为 CAM 编程的基础，也可以采用线架编程的方式实现加工轨迹的编制，这就需要提供零件必要的轮廓特征（线架）作为 CAM 编程的基础。

在 CAXA CAM 制造工程师软件中提供了丰富的三维曲线绘制与编辑功能，能实现零件线架的绘制。本项目通过连杆、机箱盖板、端盖以及支架产品的三维曲线绘制，讲解常用三维曲线绘制命令的操作应用。

2.1　绘制连杆轮廓图

任务描述

现有如图 2-1 所示连杆零件需要进行加工。本任务需要使用

2-1
连杆绘制

三维曲线绘制功能，绘制连杆零件加工轮廓（二维线架）。

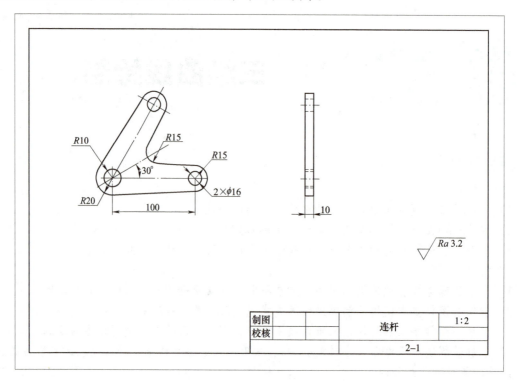

图 2-1　连杆零件图

任务分析

根据图 2-1 所示零件图样，在加工此类零件时，利用 CAXA 制造工程师不用生成三维实体特征，直接采用线架编程的方式实现加工轨迹的编制。这样可以应用三维曲线绘制零件的轮廓曲线，作为加工轨迹中的必要几何参数。

在图形绘制之前，先了解图形的基本构成。通过图 2-1 可知，图形由圆（$\phi40$、$\phi20$、$\phi16$、$\phi30$）及相切直线等基本元素构成。图形绘制过程中，可以先绘制水平方向基本图形元素，之后利用曲线编辑中的平面镜像功能得到镜像图形元素，最后利用"删除""裁剪"等命令编辑图形，形成最终正确图形。

任务实施

1. 选择绘图平面

按<F5>键，进入 XY 平面。

2. 图形绘制

1）首先绘制出圆形的辅助线。单击功能区中的"三维曲线"按钮，进入三维曲线界面。选择"直线"命令，在弹出的菜单中，选择"水平/垂直线"，以 XY 平面坐标原点（0，0）为基准点，绘制水平/垂直线，选择"修改"工具栏中的"移动曲线"命令，设置 X 轴距离为 100，复制得到另一组辅助水平/垂直线。

2）选择"圆"命令，分别以两组辅助水平/垂直线绘制半径为 10、20 以及直径为 16、半径为 15 的两组圆形图素，如图 2-2 所示。

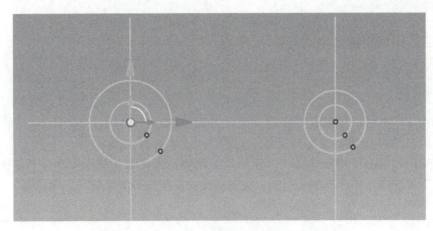

图 2-2　绘制 $R10$、$R20$ 及 $\phi 16$、$R15$ 的圆形

3) 绘制两条直线分别与 $R20$ 及 $R15$ 的圆相切。选择"直线"命令 /直线，在"点拾取工具"对话框中选择"切点"，之后依次单击 $R20$ 及 $R15$ 的圆，分别生成两条相切直线。然后以 $R20$ 的圆心为起点，绘制与 X 轴夹角为 $30°$ 的角度线。选择"直线"命令 /直线，切换当前命令为"角度线"，选择"X 轴角度"，将角度值设置为 $30°$，选择 $R20$ 的圆心为角度直线第一点，拖动鼠标在合适位置单击为角度线第二点，如图 2-3 所示。

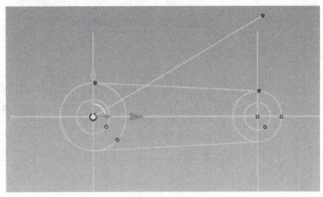

图 2-3　绘制相切直线及角度线

4) 选择"修改"工具栏中的"平面镜像" 平面镜像 按钮，拾取刚绘制的两条相切直线及 $\phi 16$ 和 $R15$ 的两个圆，以 $30°$ 的角度线为镜像轴，进行图形平面镜像，得到图 2-4 所示图形。

5) 选择"过渡/倒角"命令 过渡/倒角，设置圆角过渡半径值为 15，拾取相交的两条与 $R15$ 圆相切的直线进行过渡；再利用"删除"（选择需要删除的线段后，直接按<Delete>键进行删除）、"裁剪"（单击 裁剪曲线 按钮，拾取需要裁剪去除部分）命令修改图形，单击"确定"按钮，退出三维曲线绘制环境，得到最终图形，如图 2-5 所示。

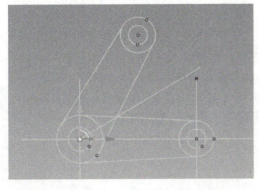

图 2-4　镜像后的图形

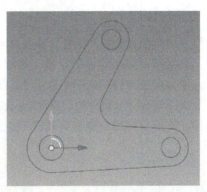

图 2-5　连杆零件轮廓最终图形

2.2 绘制机箱盖板轮廓图

 **任务描述**

现有如图 2-6 所示机箱盖板零件需要进行加工。在进行 CAM 编程之前,可以选择先绘制出零件三维实体作为 CAM 编程的基础;也可以采用线架编程的方式实现加工轨迹的编制,因此需要先绘制出零件必要的轮廓特征。本任务需要使用三维曲线绘制功能,绘制机箱盖板零件加工轮廓(二维线架)。

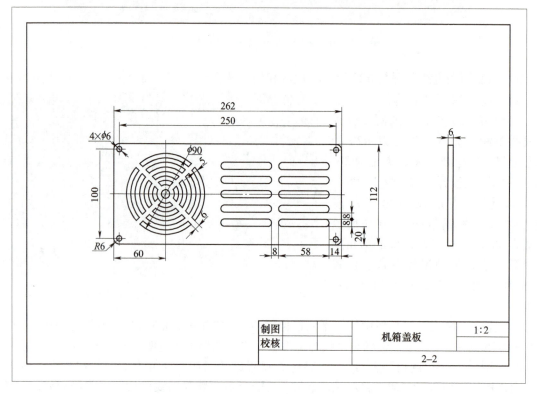

图 2-6 机箱盖板零件图

任务分析

根据图 2-6 所示零件图样,在加工此类零件时,利用 CAXA 制造工程师不用生成三维实体特征,直接采用线架编程的方式实现加工轨迹的编制,这样可以应用三维曲线绘制零件的轮廓曲线,作为生成 CAM 加工轨迹时设置几何参数的参考曲线特征。

分析图 2-6 所示轮廓图,图形构成基本元素为圆(弧)、直线、角度线,绘制过程中,通过偏移、阵列等编辑命令,再修改编辑绘制的图形元素,完成最终图形。

任务实施

1. 选择绘图平面

按<F5>键,进入 XY 平面。

2. 图形绘制

1) 单击功能区中的"三维曲线"按钮，进入三维曲线界面。单击"矩形"按钮矩形，在弹出的"属性"立即菜单中，输入长度为 262，宽度为 112，以 *XY* 平面坐标原点（0，0）为中心点，绘制矩形；单击"修改"工具栏中的"过渡/倒角"按钮过渡/倒角，设置圆角过渡半径值为 6，拾取矩形四个角的边线，分别过渡矩形的四个角；选择"圆"命令圆，选择"圆心半径"方式画圆，拾取过渡完成的矩形圆角圆心，如图 2-7 所示输入半径 3 后按<Enter>键，在矩形的四个角点分别绘制半径为 3 的圆，完成绘制后的图形如图 2-8 所示。

图 2-7 绘制圆

图 2-8 绘制矩形轮廓及四角的圆

2) 选择"偏移曲线"命令偏移曲线，拾取矩形轮廓左侧垂直线段，输入长度为 60，单击箭头方向，向右侧偏移线段作为辅助线。再以此线段中点为圆心，绘制半径为 45 的圆。再用"偏移曲线"命令偏移曲线，输入偏移长度值为 5，依次向圆心方向偏移曲线 8 次，绘制同心圆，如图 2-9 所示。

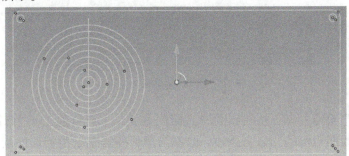
图 2-9 绘制初始同心圆

3) 选择"直线-角度线"选项以 *R*45 圆的圆心为起点，绘制与 *X* 轴夹角为 45°和−45°的两条角度线。再选择"曲线拉伸"命令，分别将两条角度线拉伸延长到 *R*45 圆的外侧，如图 2-10 所示。

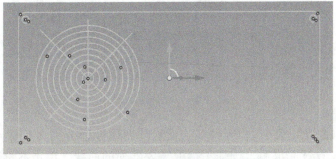
图 2-10 绘制两条角度线及曲线拉伸

4)选择"偏移曲线"命令 偏移曲线，输入偏移长度值为 3，偏移方向选择"双向"，选择两条角度线绘制出四条偏移曲线，再用"修改"工具栏中的"裁剪曲线"命令 裁剪曲线，依次裁剪、删除图形中多余线段，绘制出如图 2-11 所示图形。

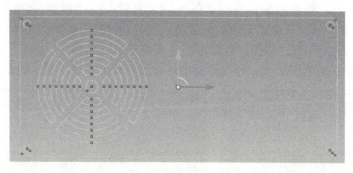

图 2-11 裁剪同心圆

5)选择"偏移曲线"命令 偏移曲线，拾取矩形下方长边，分别向上偏移 20、28，再拾取矩形右侧边，分别向左偏移 14、72；绘制偏移矩形，如图 2-12 所示。

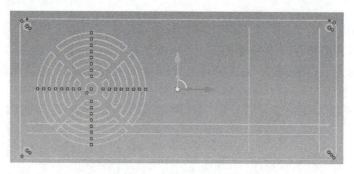

图 2-12 绘制偏移辅助矩形

6)选择"圆"命令 圆，切换到"三点圆"方式，"点拾取工具"对话框中选择"切点"，分别拾取刚绘制矩形的相邻三条边，绘制与矩形相邻三条边相切的圆（2 次），再利用"裁剪""删除"命令修改图形，得到图 2-13 所示图形。

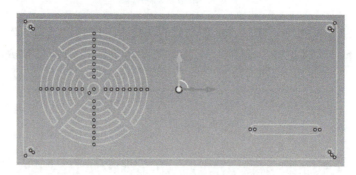

图 2-13 绘制相切圆弧

7)选择"阵列曲线"命令 阵列曲线，设置阵列属性值分别为行数＝5、行距＝16、列数＝2、列距＝-66，设置完成后，按提示拾取需要阵列的曲线，单击右键确定，得到阵列结果。到此机箱盖板轮廓图绘制完成，如图 2-14 所示。

图 2-14　机箱盖板零件轮廓最终图形

2.3　绘制端盖轮廓图

2-3
端盖绘制

现有如图 2-15 所示端盖零件需要进行加工。在进行 CAM 编程之前，可以选择先绘制出零件三维实体作为 CAM 编程的基础；也可以采用线架编程的方式实现加工轨迹的编制，因此需要先绘制出零件必要的轮廓特征。本任务使用三维曲线绘制功能，绘制端盖零件加工轮廓（二维线架）。

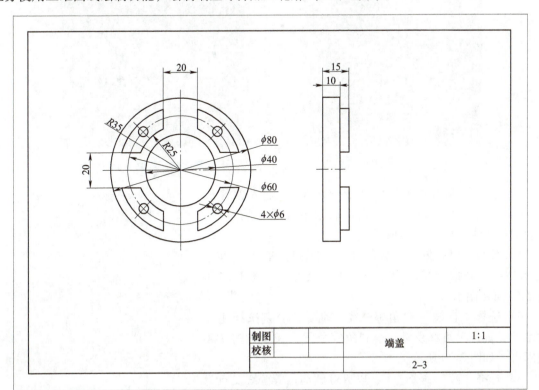

图 2-15　端盖零件图

任务分析

根据图 2-15 所示零件图样,在加工此类零件时,利用 CAXA 制造工程师直接采用线架编程的方式,实现加工轨迹的编制。这样可以应用三维曲线绘制零件的轮廓曲线,作为生成 CAM 加工轨迹时设置几何参数的参考曲线特征。

分析图 2-15 所示轮廓图,图形构成基本元素为圆(弧)、直线,绘制过程中,通过偏移、阵列等编辑命令,再修改编辑绘制的图形元素,完成最终图形。

任务实施

1. 选择绘图平面

按<F5>键,进入 XY 平面。

2. 图形绘制

1)单击功能区中的"三维曲线"按钮,进入三维曲线界面。选择"圆"命令,在"属性"立即菜单中,选择"圆心+半径"方式绘制圆形。

2)选择图形绘制窗口中坐标原点(0,0)为圆心点,依次按<Enter>键后,输入 R40、35、30、25、20,绘制 5 个同心圆,如图 2-16 所示。

3)使用"直线-水平/垂直线"命令,选择"水平+垂直"选项,以刚绘制圆的圆心为直线中点,绘制水平线+垂直线,确保直线段两端点超过 R40 圆即可,如图 2-17 所示。

图 2-16 绘制同心圆

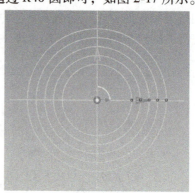

图 2-17 绘制中心线

4)选择"偏移曲线"命令,输入偏移长度为 10,方向为"双向",分别拾取水平及垂直的直线,绘制偏移曲线,如图 2-18 所示。

5)使用"修改"工具栏中的"裁剪曲线"命令,依次裁剪、删除图形中多余线段,绘制出如图 2-19 所示图形。

6)选择"直线"→"角等分线"命令,分别选择相邻的水平、垂直两条直线段,绘制角等分线,长度超过 R40 圆即可,如图 2-20 所示。

7)选择"圆"命令,以 R30 圆与角等分线交点为圆心,绘制半径为 3 的圆;选择"阵列曲线"命令,选择"圆形阵列",设置阵列数量为 4,拾取同心圆的圆心为阵列中心点,阵列半

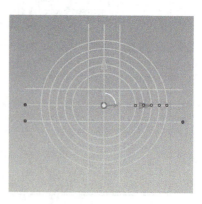

图 2-18 绘制偏移曲线

径为 3 的圆，如图 2-21 所示。

图 2-19　裁剪、删除多余线段

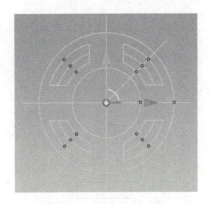

图 2-20　绘制角等分线

8）使用"修改"工具栏中的"裁剪曲线"命令，依次裁剪、删除图形中多余线段，绘制出端盖零件轮廓最终图形，如图 2-22 所示。

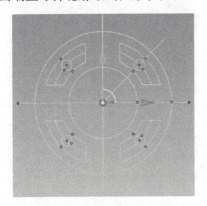

图 2-21　绘制半径为 3 的圆

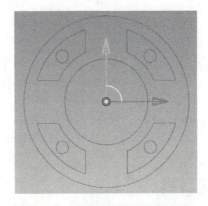

图 2-22　端盖零件轮廓最终图形

2.4　绘制支架轮廓图

任务描述

2-4 支架绘制

现有如图 2-23 所示支架零件需要进行加工。在进行 CAM 编程之前，可以选择先绘制出零件三维实体作为 CAM 编程的基础；也可以采用线架编程的方式实现加工轨迹的编制，因此需要先绘制出零件必要的轮廓特征。本任务使用三维曲线绘制功能，绘制支架零件加工轮廓（三维线架）。

任务分析

根据图 2-23 所示零件图样，在加工此类零件时，利用 CAXA 制造工程师不用生成三维实体特征，直接采用线架编程的方式实现加工轨迹的编制。这样可以应用三维曲线绘制零件的轮廓曲线，作为生成 CAM 加工轨迹时设置几何参数的参考曲线特征。但此零件在加工时需要考虑多次装夹，所以在用三维曲线绘制过程中，引入更改绘图平面绘制线架内容。

分析图 2-23 所示轮廓图，图形构成基本元素为圆（弧）、直线等，绘制过程中，需要在不同绘图平面进行切换,通过偏移、移动等编辑命令,再修改编辑绘制的图形元素,完成最终图形。

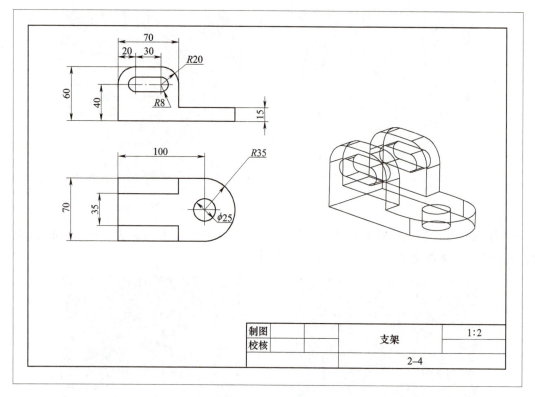

图 2-23 支架零件图

任务实施

1. 选择绘图平面

按<F5>键,进入 XY 平面。

2. 图形绘制

1)单击功能区中的"三维曲线"按钮,进入三维曲线界面。选择"矩形"命令矩形,在弹出的"属性"立即菜单中,输入长度为 100、宽度为 70,以 XY 平面坐标原点 (0,0) 为中心点,绘制矩形;选择"圆"命令圆中的"圆心半径"方式画圆,以矩形右侧短边中点为圆心,输入半径 35、12.5 绘制圆,再应用"修改"工具栏中的"删除""裁剪"命令编辑图形,得到支架底面轮廓,如图 2-24 所示。

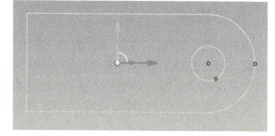

图 2-24 支架底面轮廓

2)选择"修改"工具栏中的"移动曲线"命令移动曲线,设置移动 Z 轴数值为 15,框选拾取支架底面轮廓,单击右键确认,绘制出支架底板上表面轮廓。选择"直线"命令,连接底板上、下表面轮廓,完成支架底板三维线架绘制,如图 2-25 所示。

3)选择"直线"命令直线,在"属性"立即菜单中参数设置为"两点直线、连续、正交、长度模式",输入直线长度为45,单击底板上表面左侧角点为直线起点,按<Tab>键切换绘图平面为 XOZ 平面,预显直线出现在绘图平面 X 轴上时,单击鼠标左键,再依次输入长度为70,单击左键确认;输入长度为45,单击左键确认。

4)选择"过渡/倒角"命令 过渡/倒角,输入过渡半径为20,拾取相邻直线,对图形上部分两个角进行过渡,完成 XOZ 平面支架侧面外轮廓绘制,如图 2-26 所示。

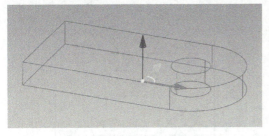

图 2-25 支架底板三维线架

图 2-26 支架侧面外轮廓

5)选择"移动曲线"命令 移动曲线,设置属性值为"距离、拷贝",移动距离为 $X=0$、$Y=0$、$Z=-12$,拾取上文过渡完成的上侧边线,再修改移动距离为 $X=0$、$Y=0$、$Z=-28$,绘制键类孔的两条侧边。

6)选择"圆"命令 圆,选择"圆心半径"方式画圆,以 R20 圆的圆心点为圆心,半径值输入 8,绘制键类

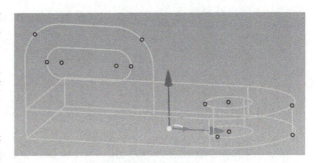

图 2-27 支架侧面轮廓

孔的两个圆弧,再应用"修改"工具栏中的"删除""裁剪"命令编辑图形,得到支架侧面轮廓,如图 2-27 所示。

7)选择"移动曲线"命令 移动曲线,设置属性值为"距离、拷贝",移动距离为 $X=0$、$Y=17.5$、$Z=0$,框选步骤6)绘制的支架侧面轮廓,单击右键确认,完成"移动曲线"命令;再依次修改移动距离中 Y 值为 52.5,移动曲线拾取侧面轮廓的两组曲线,单击右键确认,完成支架三维线架基础图形绘制。如图 2-28 所示。

8)选择"直线"命令 直线,按图 2-23 所示支架零件轮廓及线架图,连接三维线架相应轮廓曲线,完成支架三维线架图的最终绘制,如图 2-29 所示。

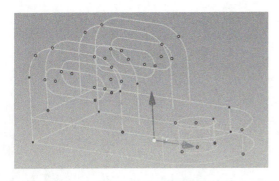

图 2-28 支架三维线架基础图形绘制

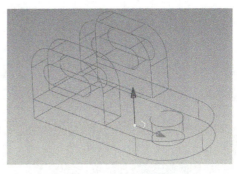

图 2-29 最终支架三维线架图绘制

【拓展训练】

完成如图 2-30 所示零件的三维曲线绘制。

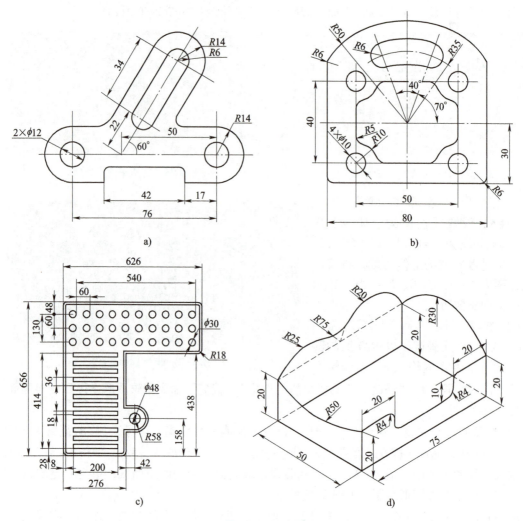

图 2-30 拓展训练

项目 3　实　体　造　型

教学目标

知识目标：

1）理解工程模式与创新模式两种建模方式及两种状态下进行建模的要求。
2）理解草图的概念，与三维曲线的区别。
3）通过"智能图素""草图""特征"等命令掌握支架类零件、箱体类零件、典型三轴加工零件、四轴加工轴类零件的造型思路与注意事项。
4）理解智能图素的零件体状态、编辑状态、点线面状态三种不同状态的特点。
5）理解工程图模块辅助三维建模的方式。
6）理解三维球工具的结构与功能。

能力目标：

1）能理论结合实际，综合运用"智能图素""草图""特征"等命令完成创新模式零件与工程模式零件三维造型。
2）掌握选择基准面、基准点等特征确定草图绘图基准的方法；掌握点、直线、圆、投影、矩形、多边形、圆弧等常用草图绘制命令，以及裁剪、镜像、过渡、等距、阵列、移动等草图编辑修改命令。
3）掌握拉伸、圆角过渡、筋板、自定义孔、旋转、边倒角、包裹偏移等常用特征命令的使用方式与注意事项，并能灵活应用。
4）掌握进行图素定位以及识别智能图素所处状态/长、宽、高的方法，以及利用驱动手柄、包围盒、智能捕捉等工具编辑图素大小的方法。
5）掌握智能图素"工具"命令的自定义孔建模方法，以及利用"表面编辑"命令进行圆角过渡、利用"编辑草图截面"命令修改图素特征的方法。
6）掌握利用"三维球"命令对所选对象进行定位、阵列、平移、旋转、镜像、复制的方法。
7）掌握运用约束命令对尺寸及位置关系进行约束定义的方法。
8）掌握使用"零件属性"命令进行零件设计基准定位、使用"表面匹配"命令进行特征面匹配的方法。
9）掌握将已有工程图文件导入草图的方法。

素养目标：

1）培养创新模式与工程模式零件建模的设计思维，不断强化读图能力。
2）培养学生产品设计步骤的分析能力和零件建模方式的选取能力。
3）养成产品设计过程中规范化命名的习惯。
4）养成举一反三灵活使用实体造型设计工具的思维方式。

项目内容

CAXA CAM 制造工程师的三维造型几何建模方式包括创新模式和工程模式两种,设计过程中既可以利用图素快速构建 3D 模型,又能实现基于尺寸约束与历史特征的参数化模型设计。根据不同产品结构的特点,可以灵活选用不同的建模方式或两种方式结合使用,高效地实现零件三维建模设计,为 CAM 编程提供必要的模型数据。

本项目通过由易到难、由简到繁的四个案例任务,让学生学习与 CAXA 实体造型相关的知识,分析支架类零件、箱体类零件、典型三轴加工零件、四轴加工轴类零件具体产品的造型思路,讲解常用三维实体造型的方法与操作应用。

3.1 底座零件造型

任务描述

底座是液压支架的一个部件,它直接与地面接触,把支架的支撑力传递到地面,为立柱、控制系统、推移装置及其他辅助装置形成安装空间,保证其稳定性。本任务完成如图 3-1 所示的底座零件的实体造型。

3-1 底座造型

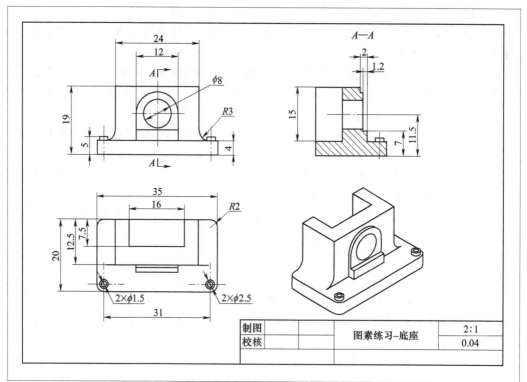

图 3-1 底座零件图

任务分析

通过对图样的分析,此零件设计可以分成以下几个部分来完成。

1）底部为两角位置带圆柱凸台的长方体，通过倒圆角，添加凸台，镜像凸台等操作完成。
2）中后部为底部圆角的 U 形结构，且 U 形中间面有一圆柱通孔。
3）前下部为一长方体，上部为一半圆柱体，半圆柱体与圆柱通孔同心。

完成零件设计的方式有多种，本案例选择 CAXA 创新设计模式，使用软件内置图素完成零件的实体建模，其具体流程如图 3-2 所示。

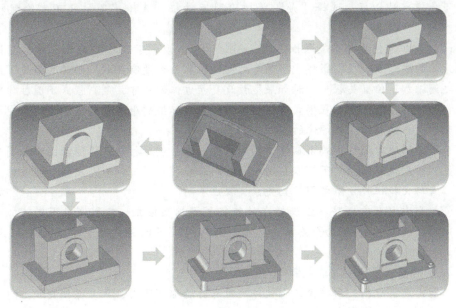

图 3-2　底座零件建模流程

任务实施

1. 使用拖/放图素及编辑尺寸创建零件的基础部分

1）在"工程模式零件"功能区选择"零件类型模式"为"创新模式零件"，如图 3-3 所示。从界面右侧设计元素库的"图素"列表中，用鼠标左键选择"长方体"，按住左键，将长方体拖到设计环境中后释放鼠标左键。

图 3-3　零件类型模式

知识链接

（1）创新模式零件建模　零件中的图素之间没有严格的父子关系，可以自由设计，方便地编辑其中的某些特征而不影响其他特征。具有简单、直接、快速的特点，是一种方便有趣的如同堆积木一样的设计方式。

（2）工程模式零件建模 基于全参数化设计，使模型的编辑、修改更为方便。

1. 两者功能上的主要差别

（1）特征间父子依存关系 创新模式的特征之间相互独立，工程模式下新特征与原有特征之间形成互相依存的父子关系，以原有特征为参考创建新特征。例如，两个结构相同的创新模式零件和工程模式零件，如果删除已有特征，创新模式下不影响新特征，工程模式下会弹出对话框，选择"是"将删除所有特征，选择"不"将不删除父特征和子特征。

（2）特征间位置关系关联性不同 例如，两个模式下零件均为圆柱体，且拖放到已有长方体的中心点。在创新模式下两者之间的位置关系没有关联，而工程模式下则默认在两者之间添加了位置关联。此时如果拖放改变长方体的尺寸，创新模式下圆柱体将留在绝对坐标系中的原位，而工程模式下圆柱体的位置坐标值则跟随长方体尺寸的改变而发生绝对值改变，但总保持在长方体的中心。

如果分别选中两种模式下零件中的圆柱体图素，然后打开三维球试图移动圆柱体图素的位置，会发现创新模式下可以自由移动，而工程模式下三维球无法移动圆柱体。这也是因为二者与父特征长方体之间位置关系关联性不同。

（3）特征的历史顺序 创新模式的特征之间相互独立，工程模式下新特征与原有特征之间形成互相依存的父子关系，所以，创新模式下已经建立好的特征之间顺序可以调整。

2. 两种模式下软件功能限制

功能上没有限制，两种模式下软件的所有功能都可使用，只是操作关联上的区别。

3. 两种模式的使用场景

如图 3-4a 所示，零件中单个特征拿出来都可以独立存在，且各个特征之间没有属性关联，这种情况下推荐使用"创新模式零件"模式建模，简单、便捷。如图 3-4b 所示，零件中从单个特征上来看，中间的区域槽底面是一个 R300 的圆弧直纹面，即平面区域轮廓和底面 R300 圆弧直纹面形成关联，这种情况下推荐使用"工程模式零件"模式建模。

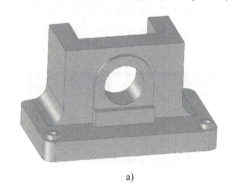
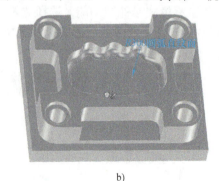

a)　　　　　　　　　　　　b)

图 3-4　典型零件

2）为规范化定义建模信息，在设计树中，单击零件名称及建模特征名称，对零件及建模特征进行重命名。定义零件名称为"底座"，拖入的长方体特征定义为"长方体1"，如图3-5所示。后续的建模特征可以相同方法进行直接命名。

3）双击长方体1，进入长方体1的编辑状态。在上表面的智能图素手柄上单击鼠标右键，在弹出的快捷菜单中选择"编辑包围盒"，如图3-6所示。在"编辑包围盒"对话框中输入

项目 3　实体造型

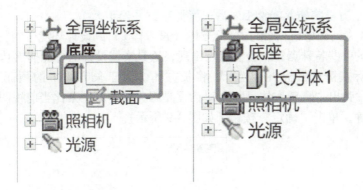

图 3-5　重命名零件

长度＝35，宽度＝20，高度＝4，如图 3-7 所示，单击"确定"按钮。

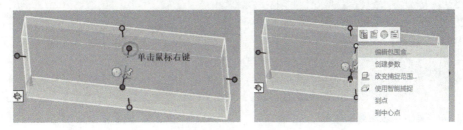

图 3-6　选择"编辑包围盒"

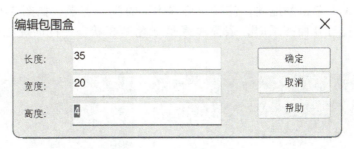

图 3-7　定义长方体 1 尺寸

技巧提示

图素共有三种状态：零件体状态、编辑状态和点线面状态。零件体状态是不对零件做任何操作时的默认状态。

在对图素进行操作之前，都需要先选定图素，通过单击两次图素使其进入编辑状态。智能图素编辑状态下系统显示一个黄色的包围盒和 6 个方向的操作手柄。包围盒的主要作用是调整零件的尺寸。将鼠标放置在操作手柄处，就会出现一个小手、双箭头和一个字母。字母表示此手柄调整的方向："L"为长度方向，"W"为宽度方向，"H"为高度方向。

单击图素三次将进入点线面状态，此时可以通过快捷菜单中的选项对点线面进行编辑操作。

2. 用智能捕捉方法将拖入零件相对另一零件定位并确定大小

1)从"图素"列表中拖/放第二个长方体（长方体2）到设计环境中的长方体1上。当鼠标位于长方体1的一些特殊点时，会有绿点出现，这是实体设计的智能捕捉功能。利用此项功能，通过按住鼠标左键至目标点后松开，将长方体2置于长方体1的顶面长边的中心，如图3-8所示（注：弹出"调整实体尺寸"对话框是因为新生成图素比当前视图大，需要收缩图素以适应视图尺寸，单击"确定"按钮，如图3-9所示）。

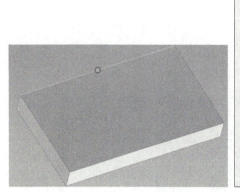

图3-8 长方体2拖放位置点　　　　图3-9 调整实体尺寸

2)利用智能捕捉定位长方体2。单击长方体2两次使其处于编辑状态，按住<Shift>键，在操作手柄A上单击并拖动，使其与长方体1的B面齐平，如图3-10所示（当鼠标位于B面范围内且与B面齐平时，表面边缘呈绿色高亮状态，此时先松开鼠标，再放开<Shift>键）。

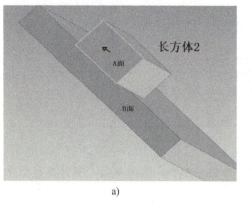 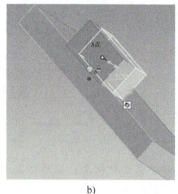

a)　　　　　　　　　　　　b)

图3-10 长方体2定位

3)右键单击如图3-11所示操作手柄C，在快捷菜单中选择"编辑包围盒"，打开"编辑包围盒"对话框。设置宽度=12.5，长度=24。图中C点对应的拉伸方向会做单向拉伸，长度方向做双向拉伸。此处如果设置高度方向尺寸，也将进行双向拉伸。

4)为了使长方体高度尺寸向上形成单向拉伸，单击长方体2顶面上的操作手柄D，D点黄色高亮显示，该尺寸处于激活状态，数值呈蓝色，如图3-12所示。在"尺寸"文本框中设置高度=15。

项目3　实体造型

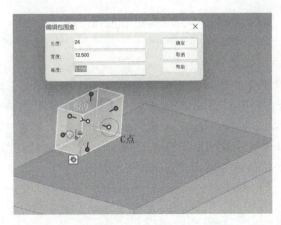

图 3-11　长方体 2 长宽方向拉伸设置

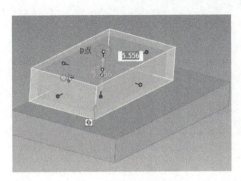
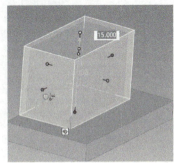

图 3-12　长方体 2 高度方向拉伸设置

> **技巧提示**
>
> 因为拖入图素时放置的方向可能不同，所以单击相应手柄对应的长、宽、高的方位可能不同。如图 3-11 所示单击手柄 C，对应的有可能是高度。需要根据具体情况对应的方向进行尺寸设置。此情况也适用于后续拖入的图素。

3. 利用"编辑包围盒"命令设计长方体 3

1）拖入第三个长方体，利用智能捕捉将其放置到长方体 1 与长方体 2 的内交线的中点。

2）按住 <Shift> 键并拖/放如图 3-13 所示表面的操作手柄 A，使长方体 3 的下表面与图 3-13 所示表面 B 齐平。使用同样的方式使长方体 3 后表面的手柄与图 3-13 所示表面 C 齐平。

3）右键单击如图 3-13 所示前表面手柄 D，在快捷菜单中选择"编辑包围盒"，打开"编辑包围盒"对话框。输入高度 =2，单击"确定"按钮。

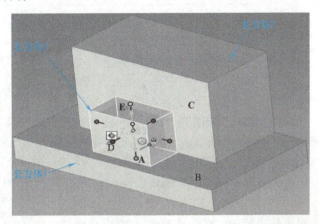

图 3-13　长方体 3 定义相关位置

4）右键单击如图 3-13 所示顶部表面手柄 E，选择"编辑包围盒"，打开"编辑包围盒"

对话框。输入长度=12、宽度=7.5，单击"确定"按钮。

> **技巧提示**
>
> 如果需要，可以将智能捕捉设置为操作手柄默认操作。其方法是在"菜单"菜单中选择"选项"，然后在如图 3-14 所示对话框中选择"交互"选项卡，并选择第一个选项"捕捉作为操作柄的缺省操作（无 Shift 键）"，然后单击"确定"按钮。当该选项被选中时，就不必为了激活智能捕捉功能而按住<Shift>键了，智能捕捉功能在所有手柄上总是处于激活状态。按住<Shift>键可禁止智能捕捉手柄操作。

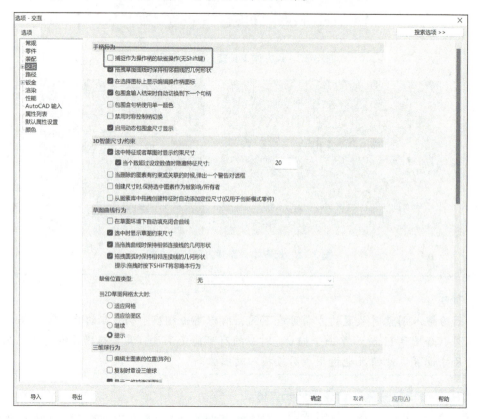

图 3-14　设置智能捕捉为操作手柄默认操作

4. 在零件前表面上添加圆柱体

1）从"图素"列表中将一圆柱体拖/放至长方体 3 上表面与长方体 2 的交线中点。

2）右键单击如图 3-15 所示圆柱体前表面的中心操作手柄 A，在快捷菜单中选择"编辑包围盒"，打开"编辑包围盒"对话框。输入高度=2，单击"确定"按钮。

3）右键单击如图 3-15 所示圆柱体的侧表面操作手柄 B，在快捷菜单中选择"编辑包围盒"，打开"编辑包围盒"对话框。输入长度=12，单击"确定"按钮。

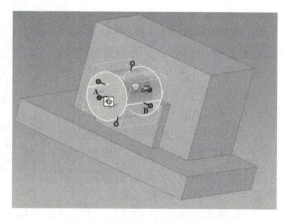

图 3-15　圆柱体定义相关位置

5. 使用孔类图素从零件中去除材料

1) 从"图素"列表中将一孔类长方体拖/放至如图 3-16 所示长方体 2 的后方边缘的中点。

2) 按住<Shift>键，拖动如图 3-17 所示孔类长方体 1 的手柄 A，使其与长方体 2 的后表面 B 齐平。同理，按住<Shift>键，分别拖动孔类长方体 1 的手柄 C 和手柄 D，使其分别与长方体 2 的底面 E 和上表面 F 齐平。

3) 右键单击如图 3-17 所示孔类长方体 1 前表面的操作手柄 G，在快捷菜单中选择"编辑包围盒"，打开"编辑包围盒"对话框。将"宽度"设置为 7.5、"长度"设置为 16，单击"确定"按钮。

6. 在凸起的前端面上创建台阶

1) 从"图素"列表中拖/放出孔类长方体 2，将它拖到圆柱体前表面圆弧的中心位置。

2) 按住<Shift>键，拖动如图 3-18 所示孔类长方体 2 的手柄 A 与长方体 2 的表面 C 齐平，且拉长控制手柄 B/D/E，至超出实体范畴（拉伸长度自定，孔类特征作用于实体，其长度和高度尺寸只要大于凸起前端面即可）。

3) 选择如图 3-19 所示"工程标注"功能区中的"智能标注"命令。

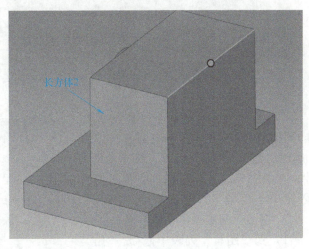

图 3-16 孔类长方体拖放位置

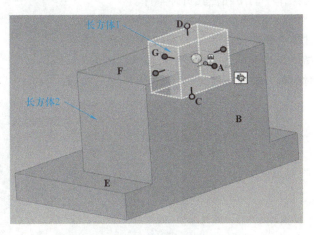

图 3-17 孔类长方体 1 定义相关位置

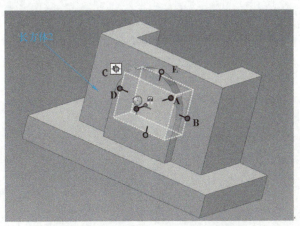

图 3-18 孔类长方体 2 定义相关位置

图 3-19　智能标注

4）在图素编辑状态下，如图 3-20 所示选择孔类长方体 2 下表面与长方体 1 底面的距离，默认为 5.5，双击 5.5 尺寸，在如图 3-21 所示对话框中将距离改成 7，单击"确定"按钮。

7. 在凸起的圆柱中心添加通孔

1）到"图素"列表中拖/放一孔类圆柱体至凸起圆柱部分的中心，拉伸轴向操作手柄使圆柱孔贯穿零件。

2）右键单击如图 3-22 所示孔类圆柱体 1 侧表面的手柄，在快捷菜单中选择"编辑包围盒"，打开"编辑包围盒"对话框。输入长度=8，单击"确定"按钮。

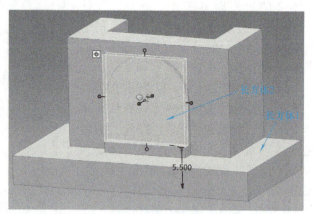

图 3-20　图素编辑状态下尺寸驱动

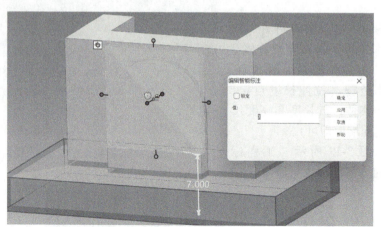

图 3-21　修改尺寸

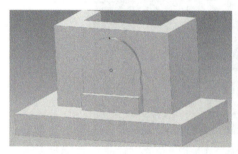
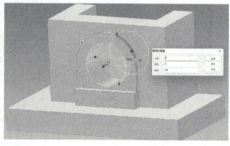

图 3-22　添加通孔

8. 添加圆弧过渡

1）选择"特征"功能区中的"圆角过渡"命令，如图 3-23 所示。

图 3-23 "圆角过渡"命令

2）打开"过渡特征"属性定义页面，输入半径 3，单击选择几何条件，单击 ✓ 完成圆角过渡，如图 3-24 所示。同理对底座四角进行 R2 圆角。

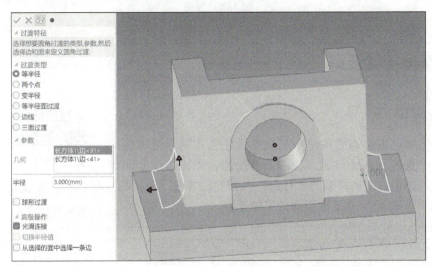

图 3-24 圆角过渡

9. 在长方体 1 的两个前圆弧角处添加两个带通孔的凸台

1）通过鼠标左键，从"图素"列表中拖/放"圆柱体"至前部过渡圆弧的中心，松开鼠标左键，如图 3-25 所示。

2）右键单击高度控制手柄，通过"编辑包围盒"对话框，确定长度 = 2.5，宽度 = 2.5。通过鼠标左键，拖放孔类圆柱体到凸台上表面中心，松开鼠标左键，右键单击高度控制手柄，通过"编辑包围盒"对话框，确定长度 = 1.5，宽度 = 1.5，高度 = 5，单击"确定"按钮。

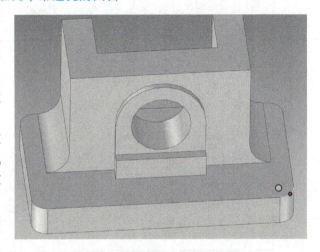

图 3-25 圆柱体定义相关位置

3）用同样的操作方式在长方体 1 前端面的另一端创建同样的凸台，完成后的零件如图 3-26 所示。

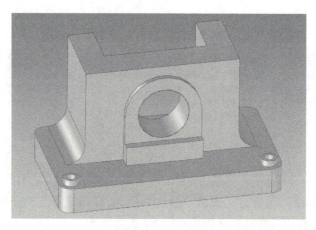

图 3-26 底座

3.2 泵体零件造型

任务描述

3-2 泵体造型

齿轮泵泵体在齿轮润滑系统中起支撑齿轮和容纳其他零件的作用,将两个齿轮装在壳体内,轮两侧有端盖,壳体、端盖和齿轮的各个齿间槽组成了许多密封工作腔,当齿轮旋转时,轮齿相互啮合和脱开形成工作腔。本任务完成如图 3-27 所示的泵体零件的实体造型。

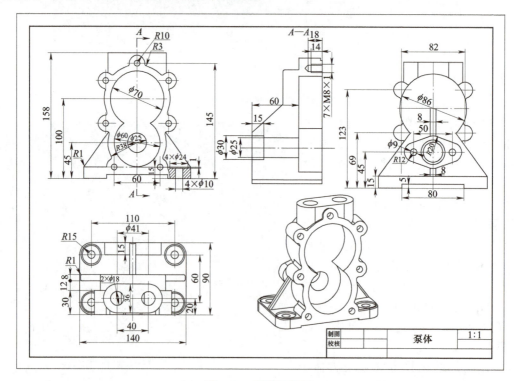

图 3-27 泵体零件图

任务分析

通过对图样的分析，此零件设计可以分成以下几个部分来完成。

1）底部：为长方体，通过倒圆角，凹槽除料，添加沉头孔，阵列沉头孔等操作完成。

2）腔体前部：分为三个部分构建完成。前泵盖配合面、腔体中部、两侧支撑板，基于8字形线架结构作为主体，通过"草图""特征"命令实现。

3）腔体后部：分为三个部分构建完成。圆柱孔、筋板、端盖，通过"图素""草图""特征"命令组合完成。

4）泵体顶部：为键形实体，添加两个通孔，通过"图素"命令完成。

零件实体建模的具体流程如图3-28所示。

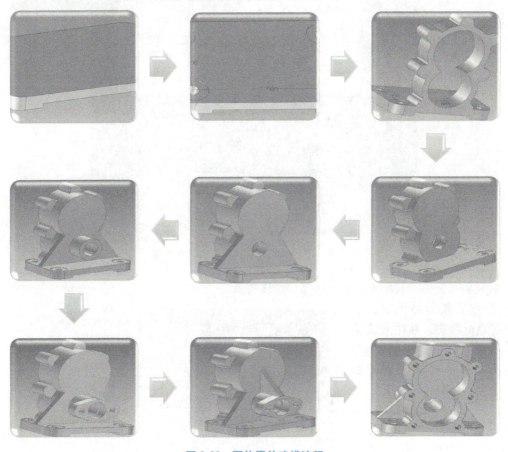

图3-28　泵体零件建模流程

任务实施

1. 使用拖/放图素及编辑尺寸创建零件底部长方体特征

1）在"工程模式零件"功能区选择"零件类型模式"为"创新模式零件"。从界面右侧设计元素库的"图素"列表中，用鼠标左键选择"长方体"，按住左键，将长方体拖到设计环境中后释放鼠标左键。

2）双击长方体，进入长方体的编辑状态。在上表面的智能图素手柄上单击鼠标右键，在快捷菜单中选择"编辑包围盒"，打开"编辑包围盒"对话框。输入长度=140，宽度=90，高度=15。

2. 用智能捕捉方法将拖入零件相对另一零件定位并确定大小

1）从"图素"列表中拖/放孔类长方体到设计环境中的长方体的底面中心，如图 3-29 所示。

2）右键单击如图 3-30 所示操作手柄 A，在快捷菜单中选择"编辑包围盒"，打开"编辑包围盒"对话框。设置长度 = 80，宽度 = 90，高度 = 5。此处 A 点对应高度拉伸方向会做单向拉伸，长度方向和宽度方向做双向拉伸。

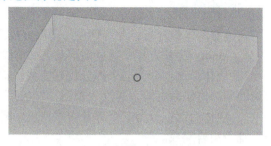

图 3-29 孔类长方体拖/放位置点

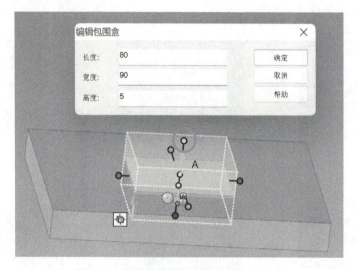

图 3-30 孔类长方体长宽高方向拉伸设置

3. 利用图素编辑状态下的表面编辑功能倒圆角

1）双击长方体图素，进入图素编辑状态，在图素编辑的空间范围内单击鼠标右键，在快捷菜单中选择"表面编辑"命令，如图 3-31 所示。

2）进入"拉伸特征"对话框，依次选择"棱边编辑""侧面边""圆角过渡"，输入半径值 15，单击"确定"按钮，如图 3-32 所示。

4. 利用图素"工具"→"自定义孔"创建沉头孔特征

1）从"图素"列表中依次选择"工具"→"自定义孔"，通过鼠标左键将"自定义孔"拖/放至长方体上表面任意一圆角的中心位置，松开鼠标左键，如图 3-33 所示。

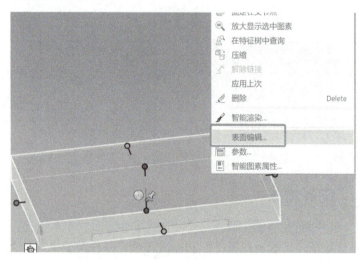

图 3-31 调出"表面编辑"命令

项目3 实体造型　45

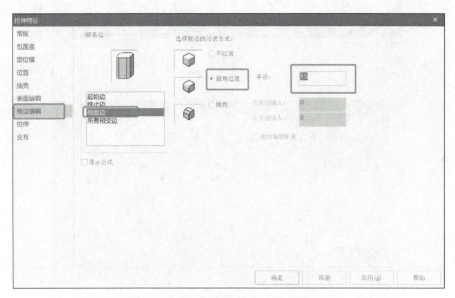

图 3-32　"圆角过渡"设置参数

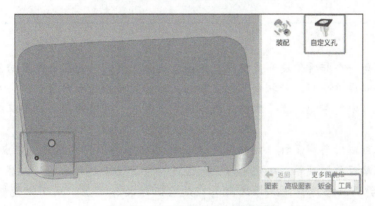

图 3-33　"自定义孔"放置位置

2）进入"定制孔"对话框。选择"沉头孔"类型简图，输入相应尺寸，孔直径＝10，孔深度＝15，沉头深度＝1，沉头直径＝24，单击"确定"按钮，如图 3-34 所示。

5. 利用三维球阵列功能创建其他沉头孔

1）鼠标左键双击沉头孔，进入沉头孔编辑状态。在"工具"功能区中选择"三维球"命令，或者按<F10>键，让三维球附着于沉头孔之上，如图 3-35 所示。

图 3-34　沉头孔尺寸定义

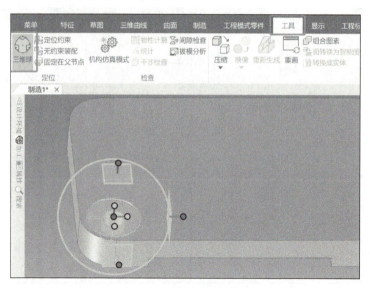

图 3-35 启动"三维球"命令

知识链接

三维球是一个非常便捷和直观的三维图素操作工具。作为强大而灵活的三维空间定位工具，它可以通过平移、旋转和其他复杂的三维空间变换精确定位任何一个三维物体；同时三维球还可以对智能图素、零件或组合件完成复制、直线阵列、矩形阵列和圆形阵列的操作。

三维球可以附着在多种三维物体之上。在选中零件、智能图素、锚点、表面、视向、光源、动画路径关键帧等三维元素后，可通过单击快速启动栏上的三维球工具按钮，或用<F10>键打开三维球，使三维球附着在这些三维物体之上，从而方便地对它们进行移动、相对定位和距离测量。

三维球的默认状态如图 3-36 所示。

三维球在空间有三个外部约束控制手柄（长轴），三个定向控制手柄（短轴），一个中心点。它的主要功能是用于软件应用中元素、零件以及装配体的空间点定位、空间角度定位的问题。其中长轴用于空间约束定位，短轴用于实体的定向；中心点用于定位。

1 为中心点。主要用来进行点到点的移动。使用的方法是将它直接拖至另一个目标位置，或鼠标右键单击，然后从弹出的快捷菜单中选择一个选项。它可以与约束的轴线配合使用。

2 为圆周。拖动圆周，可以围绕一条从视点延伸到三维球中心的虚拟轴线旋转。

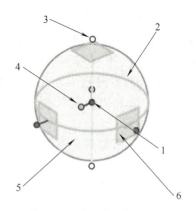

图 3-36 三维球的默认状态

3 为外控制柄（约束控制柄）。单击它可用来对轴线进行暂时约束，使三维物体只能沿此轴线进行线性平移，或绕此轴线进行旋转。

4 为短控制柄（定向控制柄）。用于将三维球中心作为一个固定的支点，进行对象的定向。主要有两种使用方法：

1）拖动控制柄，使轴线对准另一个位置。

2）鼠标右键单击，然后从弹出的快捷菜单中选择一个选项执行定向操作。

5 为内侧。在所指空白区域内侧拖动可以进行旋转操作。也可以在这个位置鼠标右键单击，从弹出的快捷菜单中选择一个选项，对三维球进行设置。

6 为二维平面。拖动二维平面，可以在选定的虚拟平面中移动。

在鼠标左键驱动三维球的移动、旋转等操作中，不能实现复制的功能；使用鼠标的右键驱动控制手柄时可以实现元素、零件、装配体的复制、平移、阵列等功能。

在默认状态下，调出三维球后其最初是附着在元素、零件或装配体的定位锚点上的。特别是对于智能图素，三维球轴向与智能图素的边是平行或重合的，三维球的中心点与智能图素的中心点是完全重合的。三维球与附着图素的脱离通过单击空格键来实现。三维球脱离后，对三维球的操作将不影响元素、零件或装配体的位置与方向。将三维球移动到所需位置后，一定要再一次单击空格键附着三维球，才能重新通过三维球对元素、零件或装配体进行操作。

2）在三维球中，按住鼠标右键，选择"Z 向控制平面"，向长方体长、宽方向进行拖动，形成"距离 1"和"距离 2"，方位无误后，松开鼠标右键，弹出快捷菜单，选择"生成矩形阵列"命令，如图 3-37 所示。

3）在弹出的"矩形阵列"对话框中编辑阵列参数。输入方向 1 数量为 2、方向 1 距离为 110、方向 2 数量为 2、方向 2 距离为 60，单击"确定"按钮。如图 3-38 所示。

6. 添加圆角过渡

1）选择"特征"功能区中的"圆角过渡"命令。

2）打开"过渡特征"属性定义页面，输入半径 1，单击零件上表面，单击 ✓ 完成，如图 3-39 所示。

7. 前泵体配合面：利用"草图"命令完成二维截面的绘制

1）鼠标左键选择"草图"功能区中的"二维草图"命令，如图 3-40 所示。

2）打开"2D 草图位置"参数定义页面，选择"2D 草图放置类型"为"点"，几何元素选择底面槽边界的中点，单击 ✓ 完成，如图 3-41 所示。

3）在"草图"功能区中选择"圆

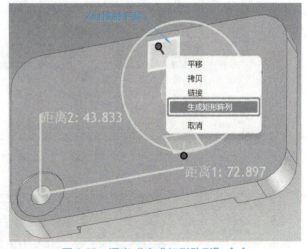

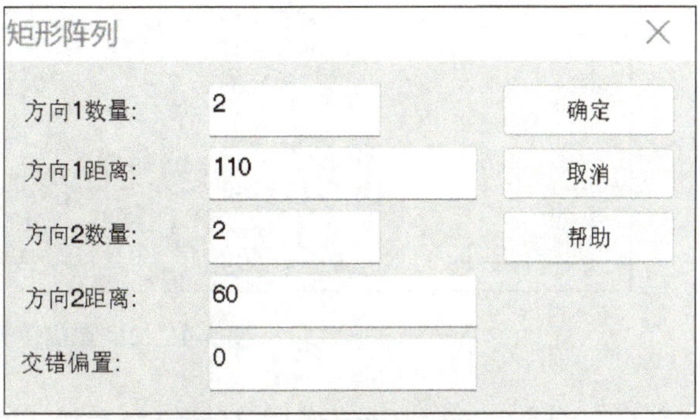

图 3-37 调出"生成矩形阵列"命令

图 3-38 "矩形阵列"参数定义

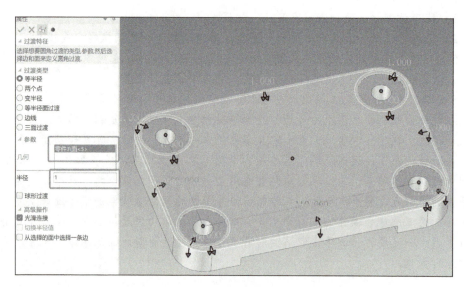

图 3-39 圆角过渡

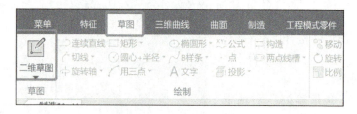

图 3-40 "二维草图"创建

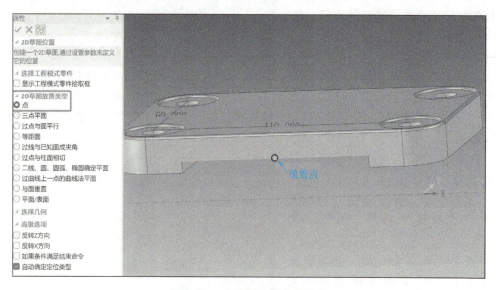

图 3-41 2D 草图位置参数定义

心+半径"命令,在"属性"定义页面设置"输入坐标"为"0,40",按<Enter>键确定,完成圆心的定位,如图 3-42 所示(注:数值输入需将输入方法设置为英文状态)。

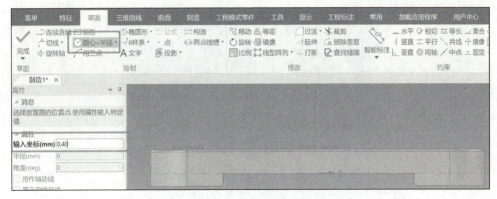

图 3-42 输入圆心坐标

4) 在"圆心+半径"命令状态,单击鼠标右键弹出"编辑半径"对话框,输入数值 38,单击"确定"按钮,如图 3-43 所示。

5) 绘制同心圆。选择"圆心+半径"命令,鼠标移动到已绘制圆的圆心,系统会对圆心进行自动捕捉,待已绘制圆呈黄色高亮显示时代表圆心捕捉成功,单击确定圆心,单击右键再次弹出"编辑半径"对话框,输入半径 30,单击"确定"按钮,如图 3-44 所示。

6) 同理,绘制另外两个同心圆。选择"圆心+半径"命令,输入坐标"0,95"定位,分别输入半径 35 和 43 定形,单击"确定"按钮,如图 3-45 所示。

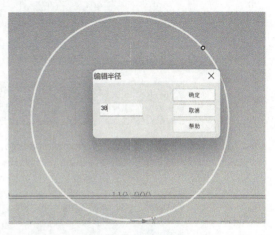

图 3-43 编辑圆半径

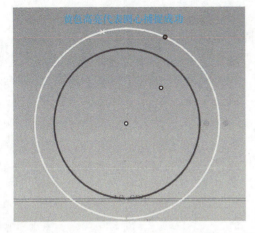
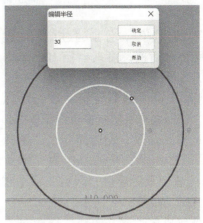

图 3-44 绘制同心圆

7) 选择"裁剪"命令,裁剪多余曲线至图样要求,如图 3-46 所示(注:"裁剪"命令鼠标左键按住不动可进行滑动裁剪)。

8) 绘制 7 个圆形特征。选择"圆心+半径"命令,坐标分别为"30,10""41,64"

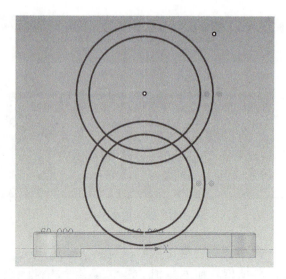

图 3-45 绘制其余同心圆

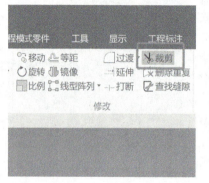 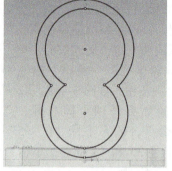

图 3-46 裁剪多余曲线

"41,118""0,140",分别通过鼠标右键调出"编辑半径"对话框,输入半径 10,单击"确定"按钮,如图 3-47 所示。

9)裁剪并镜像圆形特征。首先选择"裁剪"命令,按照图样要求将多余线架裁剪掉,然后选择"镜像"命令。先选择 3 个"圆弧"作为"实体",再选择"Y 轴"作为"镜像轴",单击 ✓ 完成。最后通过"裁剪"命令将其多余线架裁剪掉,如图 3-48 所示。

10)添加圆角过渡。选择"圆角过渡"命令,在"属性"定义页面输入半径 3,按 <Enter> 键确定,按照图样要求,依次通过单击尖角处,完成 12 个尖角的圆角过渡,最后单击"完成"按钮,退出草图,完成草图的绘制。如图 3-49 所示。

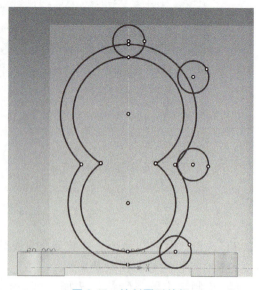

图 3-47 绘制圆形特征

项目3 实体造型

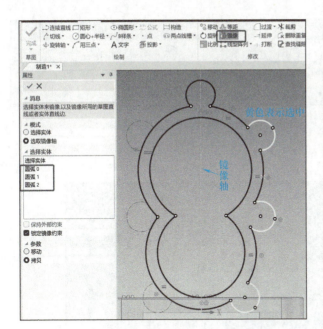
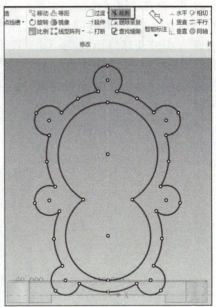

图 3-48 裁剪、镜像圆形特征

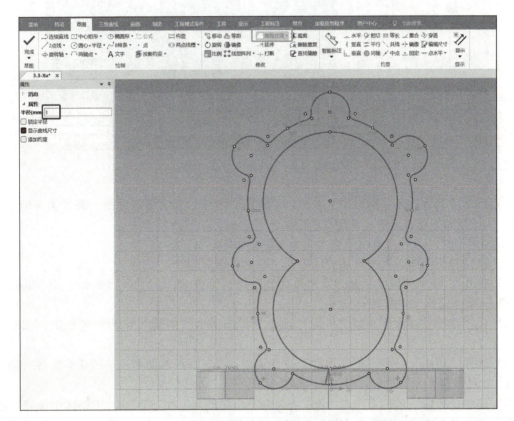

图 3-49 圆角过渡

8. 前泵体配合面：利用"特征"功能区中"拉伸"命令完成实体模型

1）选择"特征"功能区中"拉伸"命令，如图 3-50 所示。

2）单击"拉伸"按钮，在弹出的"属性"立即菜单"选项"中选择"从设计环境中选择一个零件"，单击已创建的实体，如图 3-51 所示（注："从设计环境中选择一个零件"是"特征"关系，"新生成一个独立零件"是"零件"关系）。

图 3-50 选择"拉伸"命令

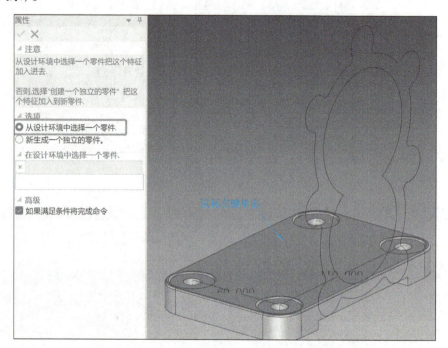

图 3-51 从设计环境中选择一个零件

3）打开"拉伸特征"属性定义页面。"截面"选择上文绘制的草图，高度值=30，确认方向，如果方向相反，选中"反向"，单击 ✓ 完成，如图 3-52 所示。

9. 腔体中部：利用"草图"命令完成二维截面的绘制

1）鼠标左键选择"草图"功能区中的"二维草图"命令。

2）打开"2D 草图位置"参数定义页面，选择"平面/表面"，然后单击 A 面上的任意一点，单击 ✓ 完成，如图 3-53 所示。

3）在"草图"功能区选择"投影"命令，单击两个"内圆"作为参考轮廓，如图 3-54 所示。

4）选择"等距"命令，在"属性"立即菜单中，选择投影的两个内圆作为实体对象，距离=8，拷贝数目=1，单击 ✓ 完成，如图 3-55 所示。

5）选中"投影"的两个参考内圆，按<Delete>键删除。在"草图"功能区中选择"圆心+半径"命令绘制内孔，捕捉 8 字形轮廓下面圆的圆心，半径=12.5，单击"确定"按钮，最后单击"完成"按钮，退出草图，完成草图的绘制，如图 3-56 所示。

10. 腔体中部：利用"特征"功能区中的"拉伸"命令完成实体模型

1）选择"特征"功能区中的"拉伸"命令。

项目 3 实体造型

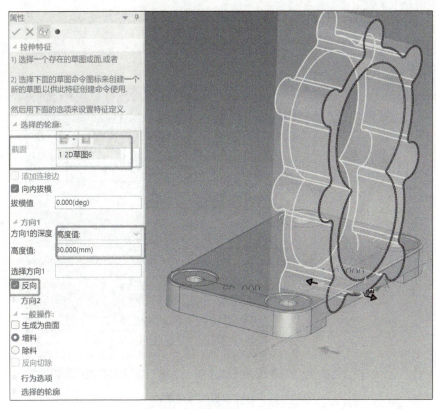

图 3-52 修改拉伸特征属性

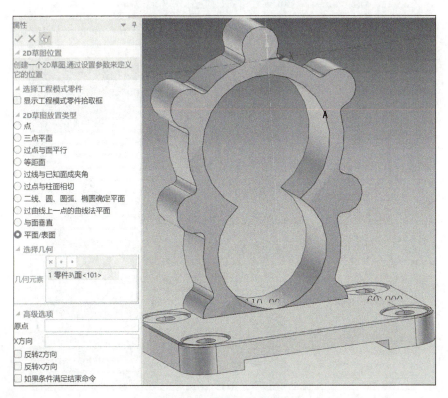

图 3-53 2D 草图位置参数定义

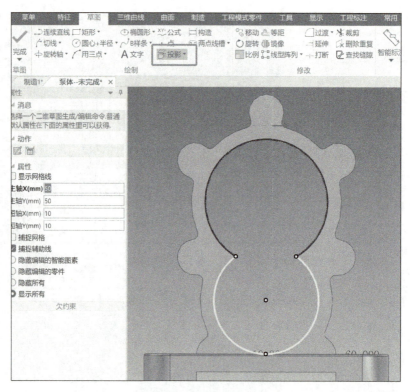

图 3-54 投影实体轮廓

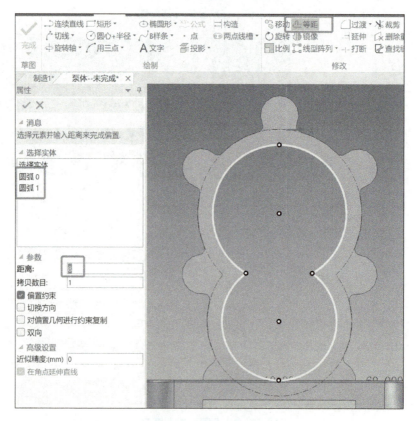

图 3-55 "等距"参数修改

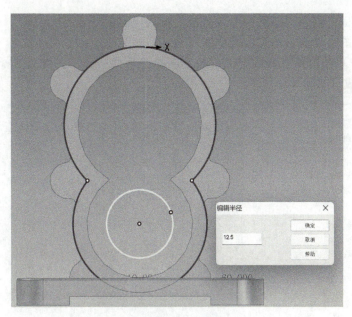

图 3-56 绘制内孔

2)单击"拉伸"命令,在弹出的"属性"立即菜单"选项"中选择"从设计环境中选择一个零件",单击已创建的实体。

3)打开"拉伸特征""属性"定义页面,"截面"选择上文绘制的草图,高度值=12,确认方向,如果方向相反,选中"反向",单击 ✓ 完成,如图 3-57 所示。

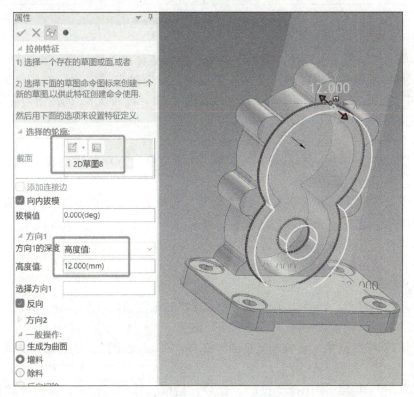

图 3-57 修改拉伸特征属性

11. 两侧支撑板：利用"草图"命令完成二维截面的绘制

1）单击"草图"功能区的"二维草图"按钮。

2）打开"2D 草图位置"参数定义页面，选择"平面/表面"，然后选择 A 面上的任意一点，单击 ✓ 完成，如图 3-58 所示。

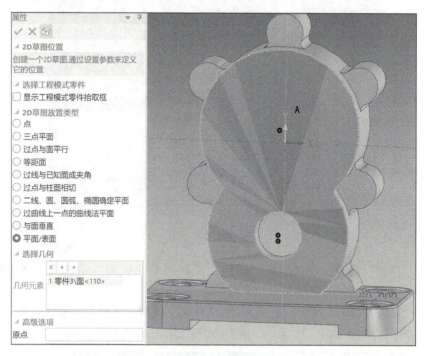

图 3-58　2D 草图位置参数定义

3）在"草图"功能区中选择"投影"命令，捕捉实体内外圆轮廓，再选择"连续直线"命令，从捕捉的外圆断点处根据图样尺寸连续绘制，最后单击"完成"按钮，退出草图，完成草图的绘制，如图 3-59 所示（注：底部直线长度=138，可捕捉 R1 的圆角边界）。

12. 两侧支撑板：选择"特征"功能区中的"拉伸"命令完成实体模型

1）选择"特征"功能区中的"拉伸"命令。

2）单击"拉伸"按钮，在弹出的"属性"立即菜单"选项"中选择"从设计环境中选择一个零件"，单击已创建的实体。

3）打开"拉伸特征"属性定义页面，"截面"选择上文绘制的草图，高度值=8，确认方向，如果方向相反，选中"反向"，单击 ✓ 完成。

4）选择"特征"功能区中的"圆角过渡"命令。

5）打开"过渡特征"属性定义页面，"半径"输入 1，单击选择几何条件，单击 ✓ 完成，如图 3-60 所示。

13. 腔体后部圆柱孔：利用"草图"命令完成二维截面的绘制

1）单击"草图"功能区中的"二维草图"按钮。

2）打开"2D 草图位置"参数定义页面，选择"平面/表面"，然后选择 A 面上的任意一点，单击 ✓ 完成，如图 3-61 所示。

3）在"草图"功能区中选择"投影"命令，拾取实体内圆轮廓，再选择"圆心+半径"命令，以拾取的实体内圆轮廓为基准绘制同心圆，在打开的"编辑半径"对话框中输入半径=

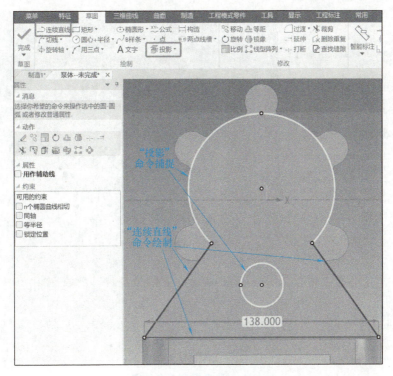

图 3-59 投影+绘制完成轮廓

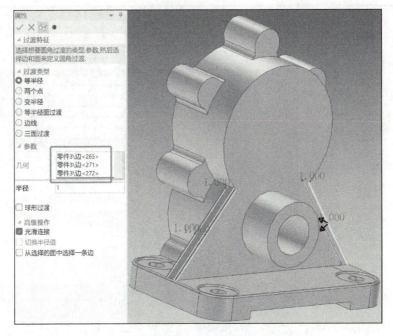

图 3-60 圆角过渡

20.5，单击"确定"按钮，最后单击"完成"按钮，退出草图，完成草图的绘制，如图 3-62 所示。

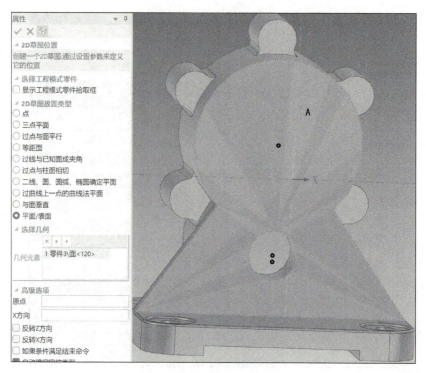

图 3-61　2D 草图位置参数定义

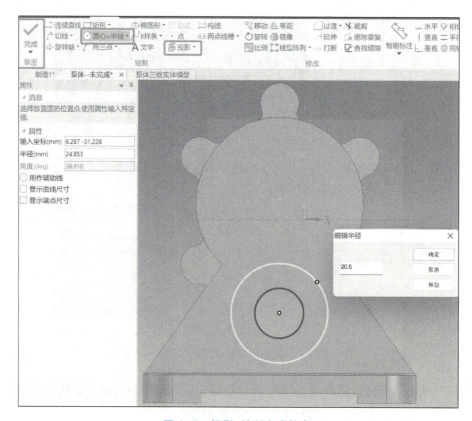

图 3-62　投影+绘制完成轮廓

14. 腔体后部圆柱孔：利用"特征"功能区中的"拉伸"命令完成实体模型

1）选择"特征"功能区中的"拉伸"命令。

2）单击"拉伸"按钮，在弹出的"属性"立即菜单"选项"中选择"从设计环境中选择一个零件"，单击已创建的实体。

3）打开"拉伸特征"属性定义页面中，"截面"选择上文绘制的草图，高度值=25，确认方向，如果方向相反，选中"反向"，单击 ✓ 完成。

15. 腔体后部端盖：利用"草图"命令完成二维截面的绘制

1）单击"草图"功能区中的"二维草图"按钮。

2）打开"2D草图位置"参数定义页面，捕捉圆孔的圆心作为草图零点，单击 ✓ 完成，如图 3-63 所示。

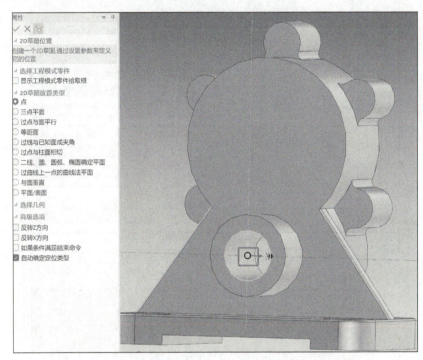

图 3-63 2D 草图位置参数定义

3）在"草图"功能区中选择"圆心+半径"命令，捕捉"0，0"点，依次绘制 $R15$ 和 $R20$ 的同心圆；再选择"圆心+半径"命令，在属性定义页面中依次输入坐标"-25，0"，半径 4.5 和半径 12，单击"确定"按钮。然后将 $R4.5$ 和 $R12$ 的圆通过"镜像"命令，以 Y 轴为镜像轴进行镜像。

4）选择"切线"命令，依次将 $R20$ 和 $R12$ 圆连接起来，如图 3-64 所示。

5）选择"裁剪"命令，按照图样要求将多余线架进行裁剪，最后单击"完成"按钮，退出草图，完成草图的绘制，如图 3-65 所示。

16. 腔体后部端盖：利用"特征"功能区中的"拉伸"命令完成实体模型

1）选择"特征"功能区中的"拉伸"命令。

2）单击"拉伸"按钮，在弹出的"属性"立即菜单"选项"中选择"从设计环境中选择一个零件"，单击已创建的实体。

3）打开"拉伸特征"属性定义页面，"截面"选择上文绘制的草图，高度值=15，确认方向,如果方向相反,选中"反向",单击 ✓ 完成。

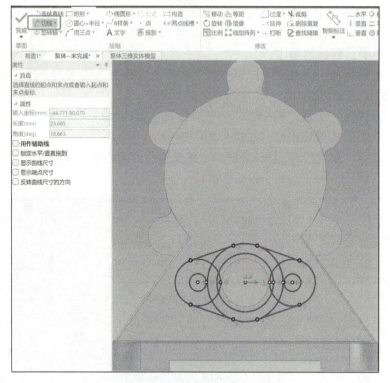

图 3-64　绘制相切线

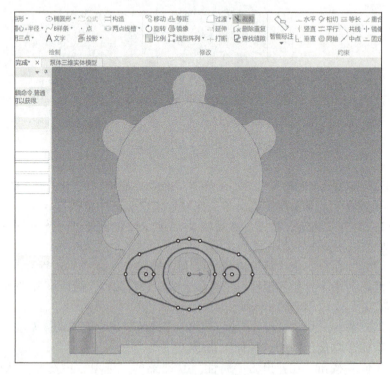

图 3-65　修剪端盖截面草图

17. 腔体后部筋板：利用"草图"+"筋板"命令完成实体模型

1）单击"草图"功能区中的"二维草图"按钮。

2）打开"2D 草图位置"参数定义页面，选中"三点平面"放置类型，依次选择 A/B/C（圆心）点，单击 ✓ 完成，如图 3-66 所示。

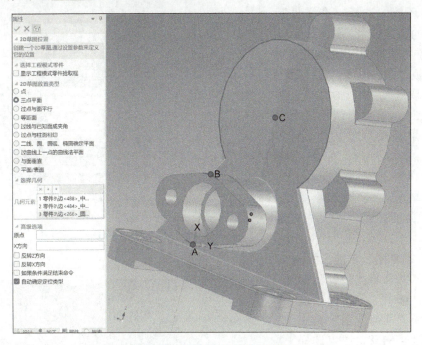

图 3-66　2D 草图位置参数定义

3）在"草图"功能区中选择"两点线"命令，捕捉 A/B 点，绘制一条直线，再捕捉 C/D 点，绘制一条直线（注意：如果筋板特征生成失败，确认点的捕捉是否准确，也可适当延长直线），最后单击"完成"按钮，退出草图，完成草图的绘制，如图 3-67 所示。

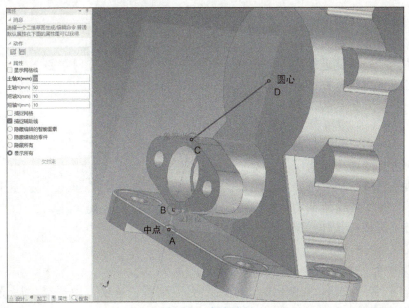

图 3-67　直线绘制

4)选择"特征"功能区中的"筋板"命令。

5)单击"筋板"按钮,在弹出的"属性"立即菜单"选项"中选择"从设计环境中选择一个零件",单击已创建的实体。

6)打开"筋特征"属性定义页面,拾取筋板草图,厚度=8,"加厚类型"为"双侧","成形方向"为"平行于草图",最后确认示意图筋板方向,如果相反,选中"反转方向",单击 ✓ 完成,如图3-68所示。

18. 泵体顶部:利用"草图"+"拉伸"+"曲面匹配"命令完成实体模型

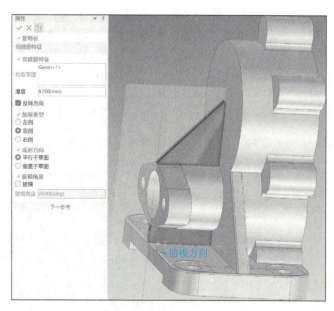

图3-68 筋特征参数设置

1)单击"草图"功能区中的"二维草图"按钮。

2)打开"2D草图位置"参数定义页面,选中"等距面"放置类型,选择"几何元素"为底座底面,长度=-158,原点选择A点(注:①方向可根据示意图调整,②选择原点时需单击一下原点选框,待显示红色时再选择),单击 ✓ 完成,如图3-69所示。

3)在"草图"功能区中选择"中心矩形"命令,输入坐标"0,-20",按<Enter>键进行中心定位,单击鼠标右键,在打开的对话框中输入长度=40,宽度=36,单击"确定"按钮。

4)选择"圆心+半径"命令,以左右两边界的中心点为圆心分别绘制两个φ36的圆;选择"裁剪"命令,将多余线架裁剪掉。最后单击"完成"按钮,退出草图,完成草图的绘制。

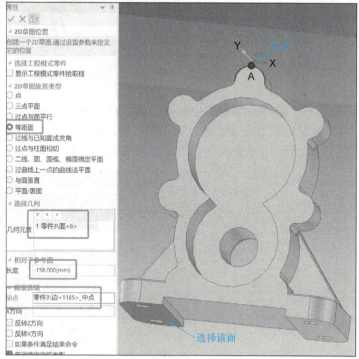

图3-69 二维草图创建

5)选择"特征"功能区中的"拉伸"命令。

6)单击"拉伸"按钮,在弹出的"属性"立即菜单"选项"中选择"从设计环境中选择一个零件",单击已创建的实体。

7）打开"拉伸特征"属性定义页面，"截面"选择上文绘制的草图，高度值=50（任意高度即可），确认方向，如果方向相反，选中"反向"，单击 ✓ 完成，如图3-70所示。

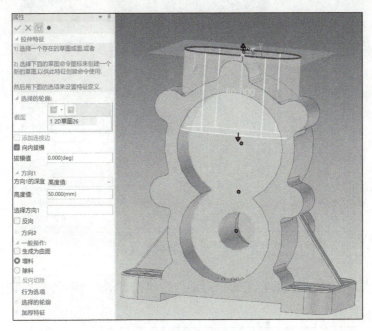

图3-70　修改拉伸特征属性

8）鼠标单击三次实体底面，进入图素第三个状态——"点线面"状态，选中A面（绿色面），单击鼠标右键，在快捷菜单中选择"表面匹配"命令，如图3-71所示。

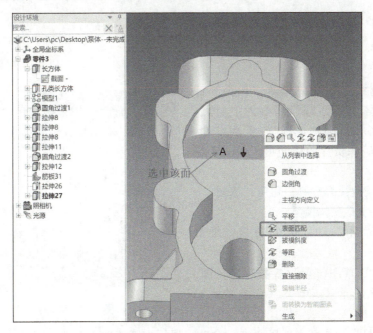

图3-71　调取"表面匹配"命令

9）在"匹配面"属性定义页面首先选择"自动表面分组"为"共面的"，然后单击"匹配面"图标按钮,选择 A 面,如图 3-72 所示。

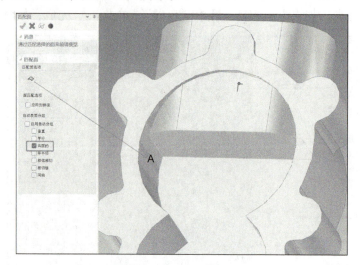

图 3-72 表面匹配参数修改

10）单击 ✓ ,弹出"面编辑通知"对话框,单击"是"即可完成"表面匹配"操作,如图 3-73 所示。

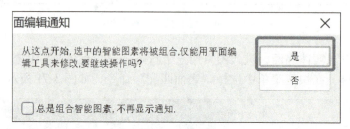

图 3-73 面编辑通知

11）从"图素"列表中选择"孔类圆柱体",以键形实体上表面圆弧圆心为中心点,鼠标左键依次将孔类圆柱体拖/放至该点处,直径=18,高度确保贯穿腔体即可,如图 3-74 所示。

19. 前泵体配合面螺纹孔：利用"草图"+"自定义孔"命令完成实体模型

1）单击"草图"功能区中的"二维草图"按钮。

2）打开"2D 草图位置"参数定义页面,单击 A 面作为几何元素,单击 ✓ 完成,如图 3-75 所示。

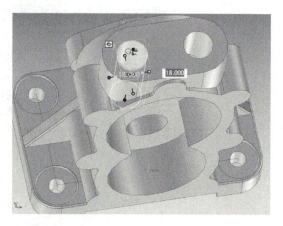

图 3-74 添加孔类圆柱体

3）在"草图"功能区中选择"点"命令,鼠标左键依次单击 7 个圆弧的圆心,最后单击"完成"按钮,退出草图,完成草图的绘制,如图 3-76 所示。

4）选择"特征"功能区中的"自定义孔"命令。

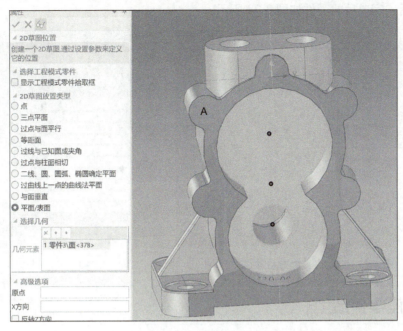

图 3-75　二维草图创建

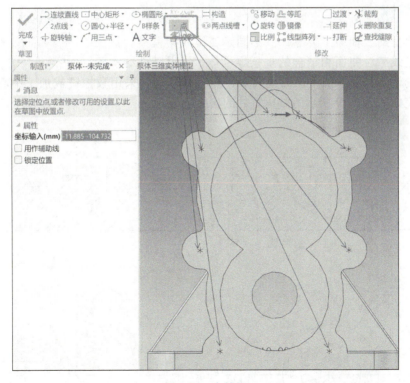

图 3-76　点捕捉

5）单击"自定义孔"按钮，在弹出的"属性"立即菜单"选项"中选择"从设计环境中选择一个零件"，单击已创建的实体。

6）打开"自定义孔"属性定义页面，选择上文绘制的草图，"类型"选择"简单孔"，深度＝18，直径＝8，选中"螺纹"，"螺纹类型"选择"M8×1"，深度＝14，单击 ✓ 完成，如图 3-77 所示。完成后的零件如图 3-78 所示。

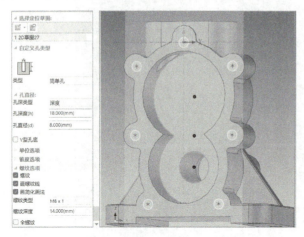

图 3-77　自定义孔参数修改图　　　　图 3-78　泵体

3.3　基座零件造型

 **任务描述**

3-3
基座造型

基座是典型的三轴加工类零件。不同于二维线架模型，该产品从结构上是线架、曲面相结合的复杂零件体，针对零件结构每一层的加工的轨迹高度不固定，刀具需要进行三轴联动，采用数控铣或加工中心完成铣削加工。本任务完成如图 3-79 所示的基座零件的实体造型。

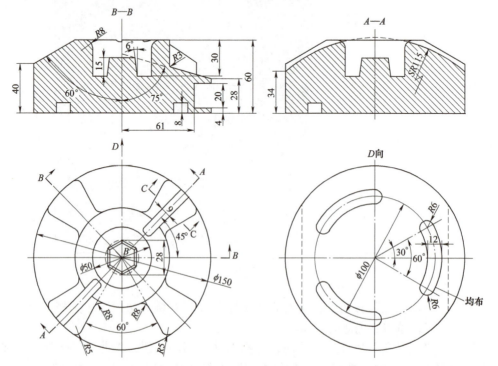

图 3-79　基座零件图

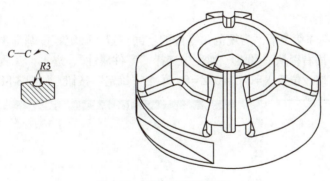

图 3-79　基座零件图（续）

任务分析

通过对图样的分析，此零件设计可以分成以下几个部分来完成。

1）线架加工特征：整体为圆柱体，再添加倒角、圆弧槽、圆柱孔、六边形凸台构成。
2）曲面加工特征：两种底面为曲面的区域槽，再经倒圆角构成。

根据基座零件图，完成零件的实体建模，其具体流程如图 3-80 所示。

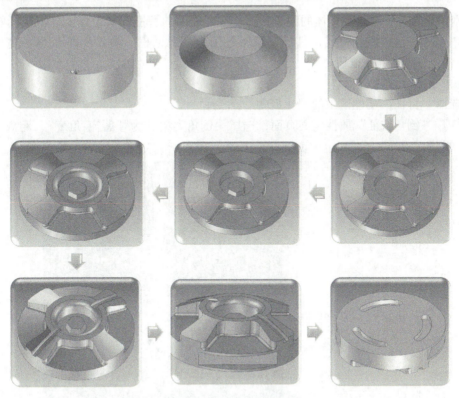

图 3-80　基座零件建模流程

任务实施

1. 使用拖/放图素及特征编辑创建零件圆柱体特征

1）在"工程模式零件"功能区中选择"零件类型模式"为"工程模式零件"。从界面右侧设计元素库的"图素"列表中，用鼠标左键选择"圆柱体"，按住左键，将圆柱体拖到设计环境中后释放鼠标左键。

2）在工程模式零件状态下，为规范化零件的空间位置，确定零件基准坐标系。单击圆柱体，打开"属性"列表。用右键从"属性"列表中选择"零件属性"，进入"工程模式零件"对话框，选择"位置"选项，修改位置 X=0/Y=0/Z=0，单击"确定"按钮，如图3-81所示。

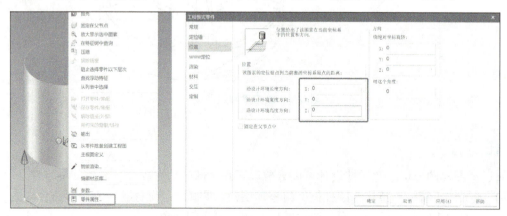

图 3-81　零件定位

3）双击圆柱体，进入圆柱体的编辑状态。在上表面的智能图素手柄上单击鼠标右键，在快捷菜单中选择"编辑包围盒"，打开"编辑包围盒"对话框。输入长度＝150，宽度＝150，高度＝60，单击"确定"按钮。

2. 添加边倒角过渡

1）选择"特征"功能区中的"边倒角"命令。

2）打开"倒角特征"属性定义页面，选择"倒角类型"为"距离-角度"，距离＝20、角度＝60°，单击"几何"，选择上表面圆外轮廓线，单击 ✓ 完成，如图3-82所示。

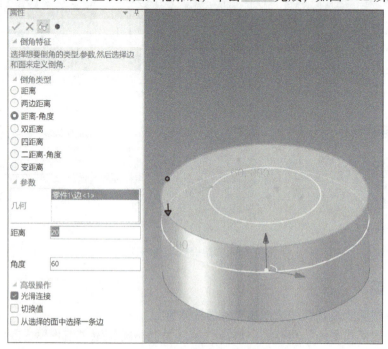

图 3-82　边倒角

3. 四个曲面区域槽：利用"草图"命令完成区域轮廓的二维截面绘制

1）单击"草图"功能区中的"二维草图"按钮。

2）打开"2D 草图位置"参数定义页面，选择"2D 草图放置类型"为"点"，"几何元素"选择上表面圆的中心点，单击 ✓ 完成，如图 3-83 所示。

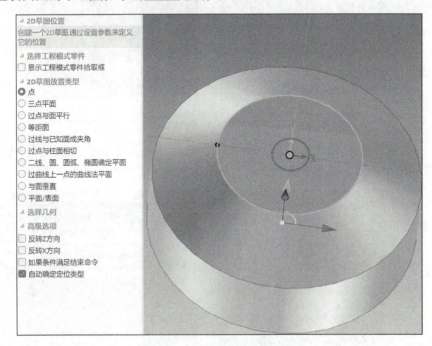

图 3-83　2D 草图位置参数定义

3）在"草图"功能区中，选择"投影"命令，将边倒角产生的两个圆投影到草图中来。

4）绘制角度线。选择"2点线"命令，鼠标移动到投影圆的圆心，单击确定圆心，拉长斜线，单击右键，在弹出的"直线长度/斜度编辑"对话框里输入角度 = -60°，"长度"自定义（注：超出最外圆轮廓即可），单击"确定"按钮，如图 3-84 所示。

5）同理，绘制另外一条角度线。选择"2点线"命令，单击捕捉圆心，拉长斜线，单击右键，在弹出的"直线长度/斜度编辑"对话框里

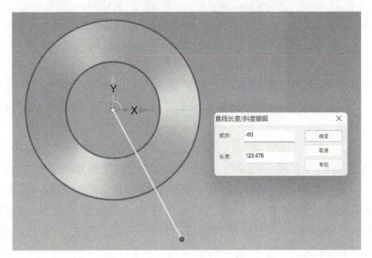

图 3-84　绘制角度线

面输入角度 = -120°，"长度"自定义，单击"确定"按钮。

6）选择"裁剪"命令，鼠标左键移动到被裁剪线架处，待被裁剪线架呈绿色状态，单击鼠标左键。按此操作裁剪多余线架至图样要求，如图 3-85 所示。

7）选择"圆形阵列"命令，绘制其余三个相同特征。在"阵列实体"属性定义页面中输

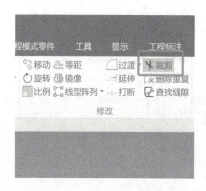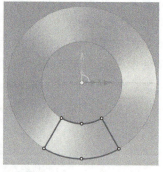

图 3-85 裁剪多余线架

入阵列数目=4，角度跨度=360°，"阵列实体"框选已绘制线架，单击 ✓ 完成。最后单击"完成"按钮。退出草图，完成草图的绘制。如图 3-86 所示。

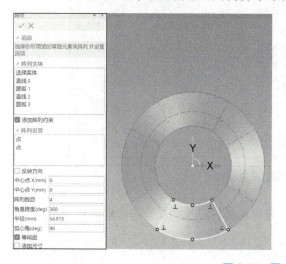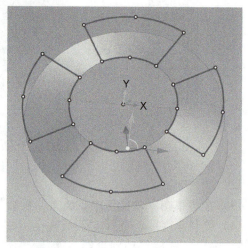

图 3-86 圆形阵列

4. 四个曲面区域槽：利用"草图"命令完成区域底面的二维截面绘制

1) 单击"草图"功能区中的"二维草图"下拉菜单，选择"在 Y-Z 基准面"命令，创建草图。

2) 在"草图"功能区中，选择"2 点线"命令，捕捉底面圆边缘一点，绘制直线，"倾斜"为 0，"长度"为 28，单击"确定"按钮完成辅助直线绘制，如图 3-87 所示。

3) 选择"2 点线"命令，捕捉直线端点，绘制斜线。"倾斜"为 -75，"长度"自定（注：别超过中心轴即可），单击"确定"按钮。删除辅助直线，选中斜线，在属性定义页面中，调整长度进行延长，完成母线绘制，最后单击"完成"按钮，退出草图，完成草图的绘制，如图 3-88 所示。

5. 四个曲面区域槽：利用"特征"→"旋转"命令完成区域底面旋转面特征

1) 选择"特征"功能区中的"旋转"命令。

2) 单击"旋转"按钮，在弹出的"属性"立即菜单"选项"里选择"从设计环境中选择一个零件"，单击已创建的实体。

3) 打开"旋转特征"属性定义页面，自下向上调整参数。首先选中"生成为曲面"，然后选择"轴",单击零件顶面圆表面上任意点(注:系统自动识别过圆面中心的垂线作为旋转轴),再选择"截面",单击上文绘制的直线草图,单击 ✓ 完成,如图3-89所示。

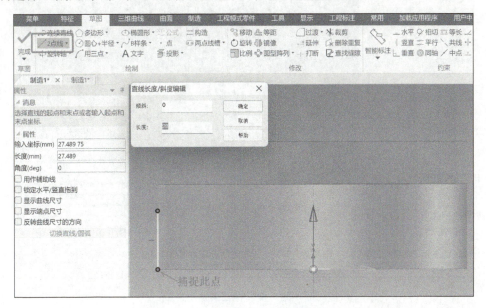

图3-87 "2点线"命令绘制辅助直线

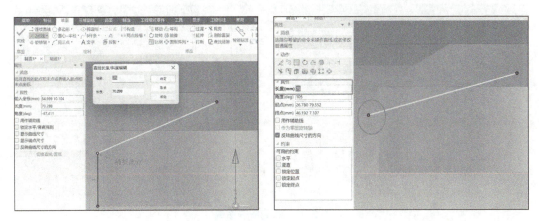

图3-88 "2点线"命令绘制斜线

6. 四个曲面区域槽:利用"特征"→"拉伸"命令完成四个区域槽实体特征

1)选择"特征"功能区中的"拉伸"命令。

2)单击"拉伸"按钮,在弹出的"属性"立即菜单"选项"里选择"从设计环境中选择一个零件",单击已创建的实体。

3)进入"拉伸特征"属性定义页面中,"截面"选择区域草图,选中"除料","方向1的深度"选择"到曲面",单击旋转面,单击 ✓ 完成。

4)完成拉伸到面特征后,鼠标左键双击旋转面,曲面呈绿色选中状态后,单击右键,在快捷菜单中选择"隐藏体";在设计树中分别选中两个草图,单击右键,在快捷菜单中选择"隐藏选中图素",隐藏草图,清空作图痕迹,如图3-90所示。

7. 添加圆角过渡

1)选择"特征"功能区中的"圆角过渡"命令。

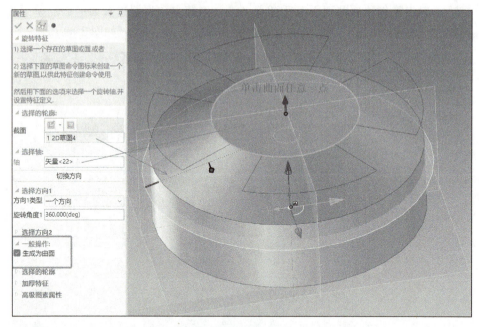

图 3-89　旋转特征属性定义

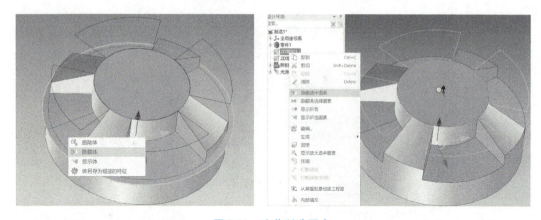

图 3-90　隐藏所选图素

2) 打开"过渡特征"属性定义页面，输入半径 5，根据图样要求，依次单击区域槽外轮廓边（8 条边），根据示意图判断轮廓是否拾取正确（注：拾取错误后可在"几何"列表框中选中错误项，通过右键快捷菜单删除），单击 ✓ 完成，如图 3-91 所示。

3) 再次选择"圆角过渡"命令，打开"过渡特征"属性定义页面，输入半径 8，根据图样要求，依次单击区域槽内轮廓边（8 条边），根据示意图判断轮廓是否拾取正确，单击 ✓ 完成，如图 3-92 所示。

4) 再次选择"圆角过渡"命令，打开"过渡特征"属性定义页面，输入半径 3，根据图样要求，依次单击区域槽底面轮廓边（注：选择底面任意 4 条边即可，系统默认为"光滑连接"，可通过点选一条直线拾取到所有圆弧过渡线），根据示意图判断轮廓是否拾取正确，单击 ✓ 完成，如图 3-93 所示。

8. 中间孔：利用"智能图素"命令完成中间孔实体特征

1) 在"图素"列表中通过鼠标左键拖/放"孔类圆柱体"，捕捉已创建实体顶面圆心进行

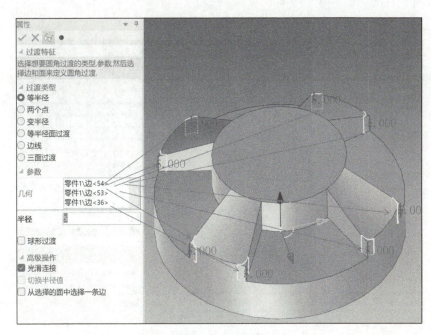

图 3-91 圆角过渡 1

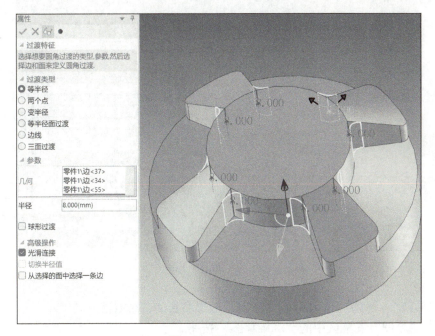

图 3-92 圆角过渡 2

放置,右键单击孔类圆柱体控制手柄,在快捷菜单中选择"编辑包围盒",打开"编辑包围盒"对话框。输入长度=50、宽度=50、高度=30,单击"确定"按钮。

2)选择"特征"功能区中的"圆角过渡"命令。

3)打开"过渡特征"属性定义页面,输入半径 8,单击选择几何条件,单击 ✓ 完成,如图 3-94 所示。

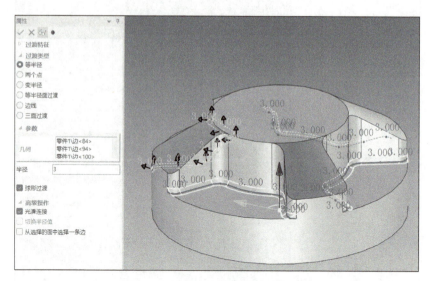

图 3-93　圆角过渡 3

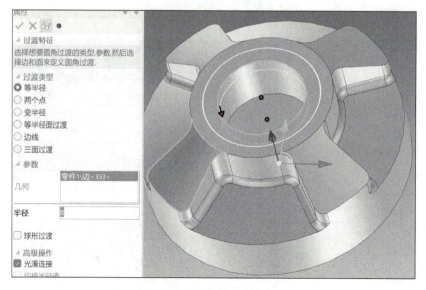

图 3-94　圆角过渡 4

9. 六边形凸台：利用"草图"命令绘制六边形凸台的二维截面

1）单击"草图"功能区中的"二维草图"按钮。

2）打开"2D 草图位置"参数定义页面。选择中间孔底面的圆心，单击 ✓ 完成，如图 3-95 所示。

3）在"草图"功能区中选择"圆心+半径"命令，捕捉圆心坐标，绘制圆，半径 = 14，单击"确定"按钮。

4）以 $R14$ 的圆为参考，创建内接六边形。选择"多边形"命令，捕捉圆心坐标并单击，确定多边形中心，接着单击 Y 轴正方向圆的象限点，删除辅助圆，完成内接六边形的绘制。最后单击"完成"按钮，退出草图，完成草图的绘制，如图 3-96 所示。

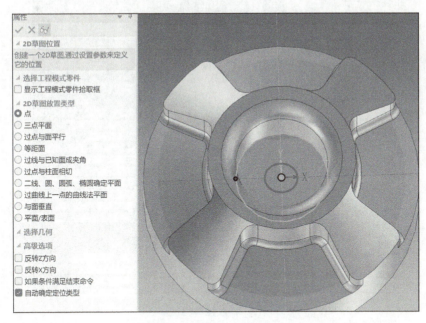

图 3-95　2D 草图位置参数定义

 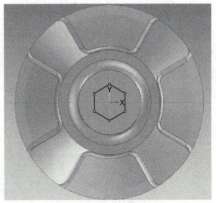

图 3-96　正六边形绘制

10. 六边形凸台：利用"拉伸"命令绘制六边形凸台的实体特征

1）选择"特征"功能区中的"拉伸"命令。

2）单击"拉伸"按钮，在弹出的"属性"立即菜单"选项"里选择"从设计环境中选择一个零件"，单击已创建的实体。

3）打开"拉伸特征"属性定义页面，"截面"选择六边形草图，选中"向内拔模"，拔模值=6°，高度值=15，单击 ✓ 完成，如图 3-97 所示。

11. 两侧槽：利用"孔类图素"+"三维球"命令绘制两侧槽的实体特征

1）从"图素"列表中将一"孔类长方体"拖/放至如图 3-98 所示圆柱体的红色区域任意位置进行定位（此特征在工程模式下不要选择特殊点进行定位，容易产生关联，不利于后面尺寸的约束）。

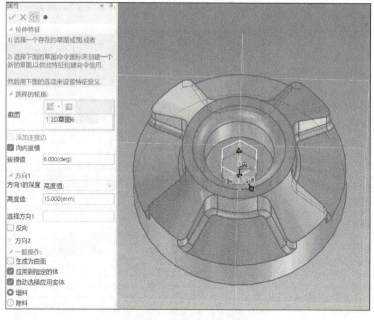

图 3-97　修改拉伸特征属性

2）定位后，在编辑状态下启动三维球功能。通过内控制手柄进行平行定位，如图 3-99 所示。选择控制手柄 A，单击右键，在快捷菜单中选择"与边平行"，再选择六边形凸台的外轮廓 B，通过这种参考定位的方式，保证孔类长方体底面水平且平行于 Y 轴。

3）在孔类长方体编辑状态中，根据图样尺寸要求，通过调整 6 个控制手柄进行定位。如图 3-100 所示，将 6 个控制手柄分成 A/B/C/D/E/F。

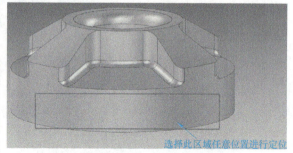

图 3-98　孔类长方体拖放位置

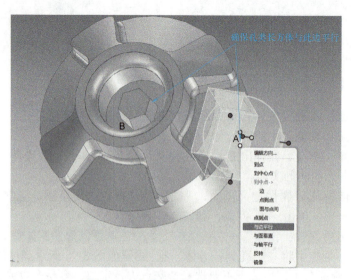

图 3-99　孔类长方体定义相关位置

4) 调整控制手柄,分成以下四步进行定位。

① 通过调整 A/B/C 三个控制手柄进行拉长,只要超出实体即可,如图 3-101 所示。

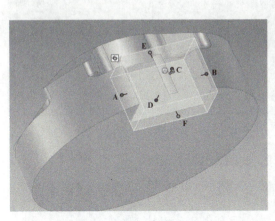

图 3-100　孔类长方体控制手柄　　　　　图 3-101　槽长度方向位置调整

② 右键单击 F 控制手柄,在快捷菜单中选择"编辑到中心点的距离",再捕捉底面圆的圆心,在弹出的"编辑距离"对话框中输入距离-4,单击"确定"按钮,如图 3-102 所示。

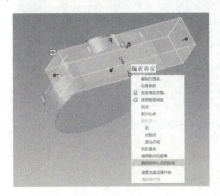 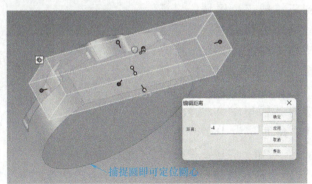

图 3-102　槽高度方向位置调整

③ 右键单击 D 控制手柄,在快捷菜单中选择"编辑到中心点的距离",再捕捉底面圆的圆心,在弹出的"编辑距离"对话框中输入距离 61,单击"确定"按钮,如图 3-103 所示。

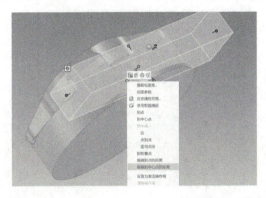 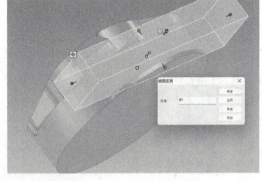

图 3-103　槽水平方向位置调整

④ 单击 E 控制手柄,在弹出的"尺寸"对话框中输入数值 20,按<Enter>键确认,如图 3-104 所示。

5)侧面槽尺寸调整完成后,在编辑状态下启动三维球功能,此刻三维球呈蓝色附着状态。按空格键切换至三维球白色脱离状态,选择三维球中心控制手柄,单击右键,在快捷菜单中选择"到中心点",捕捉外圆圆心作为参考定位三维球,如图 3-105 所示。

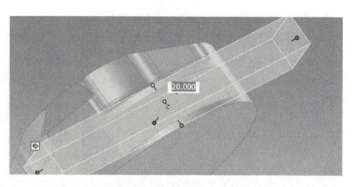

图 3-104 槽高度尺寸调整

6)三维球移动到基座零件中心后,按空格键切换回三维球的蓝色附着状态。单击控制手柄 A,切换到辅助旋转轴状态,此刻旋转轴呈黄色高亮线显示。待鼠标移动到三维球蓝色区域,鼠标指针呈小手状态时,鼠标右键按住不动进行旋转,松开鼠标,在快捷菜单中选择"拷贝",在弹出的重复拷贝/链接对话框里输入"数量"为 1"角度"为 180°,单击"确定"按钮,完成镜像操作,如图 3-106 所示。

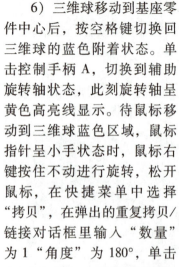

图 3-105 三维球定位

12. 底面圆弧槽:利用"草图"命令绘制圆弧槽的二维截面

1)单击"草图"功能区中的"二维草图"按钮。

2)打开"2D 草图位置"参数定义页面,选择底面圆的圆心,单击 ✓ 完成。

3)在"草图"功能区中选择"圆心+半径"命令,捕捉圆心,通过鼠标右键打开"编辑半径"对话框。输入半径=50,单击"确定"按钮。

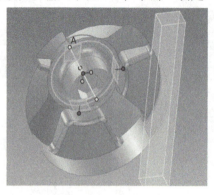
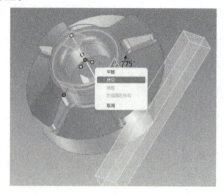

图 3-106 三维球旋转镜像操作

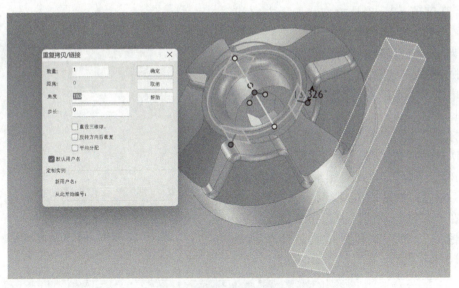

图 3-106　三维球旋转镜像操作（续）

4）绘制角度线。选择"2 点线"命令，鼠标移动到圆的圆心，系统会对圆心进行自动捕捉。待已绘制圆呈黄色高亮显示时代表圆心识别成功，单击确定圆心。拉长斜线，通过鼠标右键打开"直线长度/斜度编辑"对话框。输入角度 = 30°，"长度"自定义（注：超出 φ100 圆即可），单击"确定"按钮。同理，完成对称角度线。

5）选择"圆心+半径"命令，分别以两斜线和 φ100 圆的交点为圆心，绘制 φ12 的圆。

6）选择"用三点圆弧"命令，以两斜线和两 φ12 圆的交点为第一、第二点，分别绘制 R44 和 R56 的相切圆弧，如图 3-107 所示。

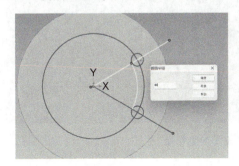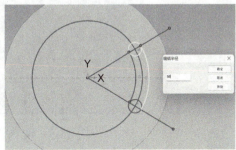

图 3-107　相切圆弧绘制

7）删除并裁剪多余线架，如图 3-108 所示。

8）绘制其余两个相同特征。选择"圆形阵列"命令，在属性定义页面中输入阵列数目 = 3，角度跨度 = 360°，"阵列实体"选择已绘制线架，单击 ✓ 完成。最后单击"完成"按钮，退出草图，完成草图的绘制。

13. 底面圆弧槽：利用"拉伸特征"命令绘制圆弧槽的实体特征

1）选择"特征"功能区中的"拉伸"命令。

2）单击"拉伸"按钮，在弹出的"属性"立即菜单"选项"里选择"从设计环境中选择一个零件"，单击已创建的实体。

3）打开"拉伸特征"属性定义页面，"截面"选择上文绘制的草图，"一般操作"选择

"除料",高度值=8;确认方向,如果方向相反,选中"反向",单击 ✓ 完成。

14. 两个球形顶面槽:利用"草图"命令完成区域轮廓的二维截面绘制

1)单击"草图"功能区中的"二维草图"按钮。

2)打开"2D草图位置"参数定义页面,选择"2D草图放置类型"为"二线、圆、圆弧、椭圆确定平面","几何元素"选择圆A,单击 ✓ 完成,如图3-109所示。

3)在"草图"功能区中选择"投影"命令,将圆弧A、圆弧B和圆C投影到草图中来,如图3-110所示。

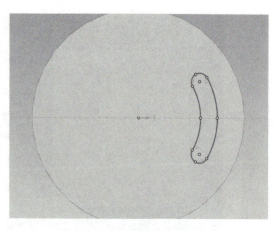

图3-108 删除并裁剪多余线架

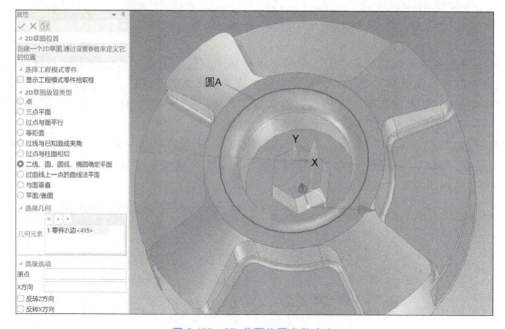

图3-109 2D草图位置参数定义

4)绘制角度线。选择"2点线"命令,鼠标移动到投影圆的圆心,单击确定圆心,拉长斜线,通过鼠标右键弹出"直线长度/斜度编辑"对话框。输入角度=45°,"长度"自定义(注:超出最外圆轮廓即可),单击"确定"按钮。

5)等距角度线。选择"等距"命令,单击绘制的角度线,距离=4.5,选中"双向",单击 ✓ 完成,如图3-111所示。

6)同理,根据以上操作,绘制对称的另一角度线,如图3-112所示。选择"裁剪"命令,鼠标左键移动到被裁剪线架处,待被裁剪线架呈绿色状态,单击鼠标左键。按此操作裁剪多余线架至图样要求,如图3-113所示,最后单击"完成"按钮,退出草图,完成草图的绘制。

15. 两个球形顶面槽:利用"草图"命令完成区域底面的二维截面绘制

1)单击"草图"功能区中的"二维草图"下拉菜单,选择"在Y-Z基准面"命令,创

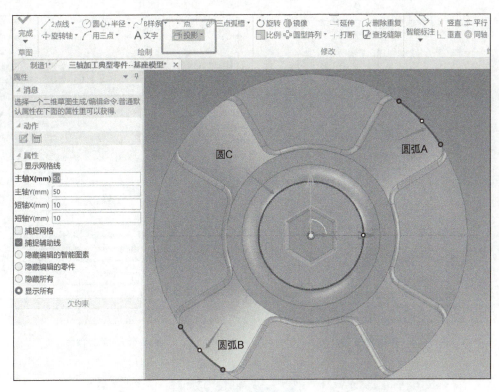

图 3-110 投影圆弧

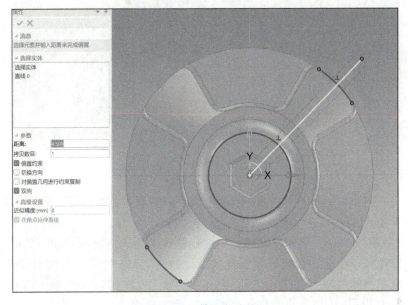

图 3-111 等距角度线 1

建草图。

2) 在 "草图" 功能区中选择 "2 点线" 命令，捕捉底面圆边缘上的点，绘制直线。在 "直线长度/斜度编辑" 对话框中设置 "倾斜" 为 0，"长度" 为 34，单击 "确定" 按钮，完成辅助直线绘制。如图 3-114 所示。

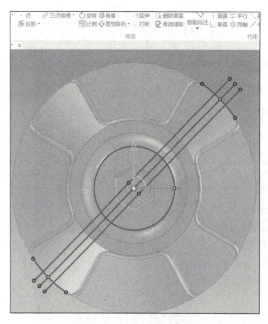 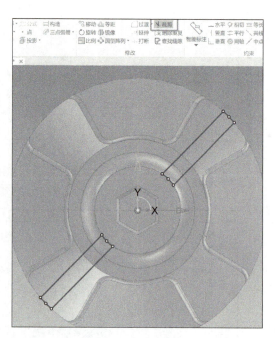

图3-112 等距角度线2　　　　　　　图3-113 裁剪曲线

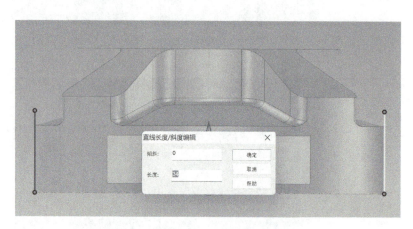

图3-114 "2点线"命令绘制辅助直线

3）选择"三点圆弧"命令，左键分别单击两直线端点，单击右键，在"编辑半径"对话框中输入圆弧半径=115，单击"确定"按钮。

4）选择"裁剪"命令，鼠标左键移动到被裁剪线架处，待被裁剪线架呈绿色显示时，单击鼠标左键。按此操作裁剪多余线架至图样要求，如图3-115所示，最后单击"完成"按钮，退出草图，完成草图的绘制。

16. 两个球形顶面槽：利用"特征"→"旋转"命令完成旋转面特征

1）选择"特征"功能区中的"旋转"命令。

2）单击"旋转"按钮，在弹出的"属性"立即菜单"选项"里选择"从设计环境中选择一个零件"，单击已创建的实体。

3）打开"旋转特征"属性定义页面，自下向上调整参数。首先选中"生成为曲面"，"轴"选择零件顶面圆表面（注：系统自动识别），"截面"选择圆弧草图，单击 ✓ 完成。

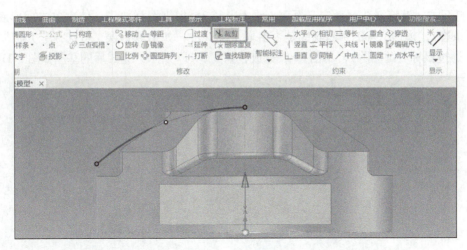

图 3-115　裁剪曲线

17. 两个球形顶面槽：利用"特征"→"拉伸"命令完成实体特征

1）选择"特征"功能区中的"拉伸"命令。

2）单击"拉伸"按钮，在弹出的"属性"立即菜单"选项"里选择"从设计环境中选择一个零件"，单击已创建的实体。

3）打开"拉伸特征"属性定义页面，"截面"选择区域草图，选中"除料"，"方向1的深度"选择"到曲面"，单击旋转面，单击 完成，如图 3-116 所示。

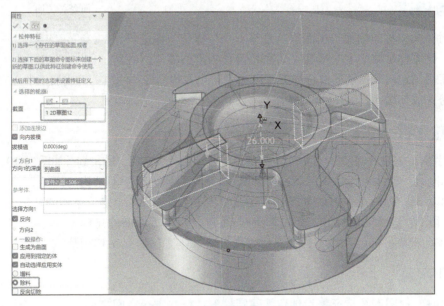

图 3-116　修改拉伸特征属性

4）完成拉伸到面特征后，双击旋转面，曲面呈绿色选中状态，单击右键，在快捷菜单中选择"隐藏体"，并且在立即菜单"选项"中分别选中两个草图，再次单击右键，在快捷菜单中选择"隐藏选中图素"，隐藏草图，清空作图痕迹。

18. 添加圆角过渡

1）选择"特征"功能区中的"圆角过渡"命令。

2) 打开"过渡特征"属性定义页面,输入半径 3,根据图样要求,依次单击球形底面槽轮廓边(4 条边),根据示意图判断轮廓是否拾取正确(注:如拾取错误,可选择"几何"列表中的参数,通过鼠标右键删除),单击 ✓ 完成,如图 3-117 所示,完成后的基座如图 3-118 所示。

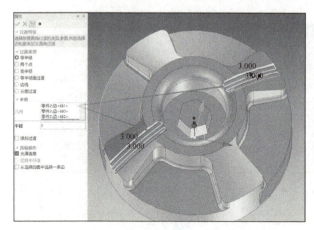
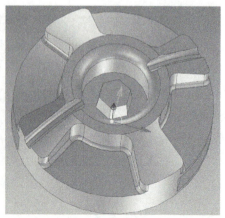

图 3-117　圆角过渡　　　　　　　　　　　图 3-118　基座

3.4　主动轴零件造型

 **任务描述**

主动轴是典型的四轴加工类零件,是基于一个旋转毛坯进行建模的零件,该零件从结构上是线架、曲面相结合的复杂零件。针对该零件加工采用定向和联动的混合加工方式,基于带 A 轴旋转轴的数控铣或加工中心完成铣削加工。本任务完成如图 3-119 所示的主动轴零件的实体造型。

3-4
主动轴造型

任务分析

通过对图样的分析,此零件设计可以分成以下几个部分来完成,轴段划分如图 3-120 所示。

1)轴段 A:整体为圆柱体,通过包裹偏移+旋转阵列进行中间结构的建模。
2)轴段 B:整体为圆柱体+矩形体;通过草图+特征进行四个定位结构的建模。
3)轴段 C:整体为圆柱体,通过草图+特征进行三个区域槽的建模。

根据主动轴零件图,完成零件的实体建模,其具体流程如图 3-121 所示。

任务实施

1. 使用拖/放图素及特征编辑创建零件圆柱体特征并进行空间定位

1)在"工程模式零件"功能区中选择"零件类型模式"为"创新模式零件"。从界面右侧设计元素库的"图素"列表中,用鼠标左键选择"圆柱体",按住左键,将圆柱体拖到设计环境中后释放鼠标左键。

2)双击圆柱体,进入圆柱体的编辑状态。在上表面的智能图素手柄上单击鼠标右键,在快捷菜单中选择"编辑包围盒",打开"编辑包围盒"对话框。输入长度 = 71.5,宽度 = 71.5,高度 = 70,单击"确定"按钮。

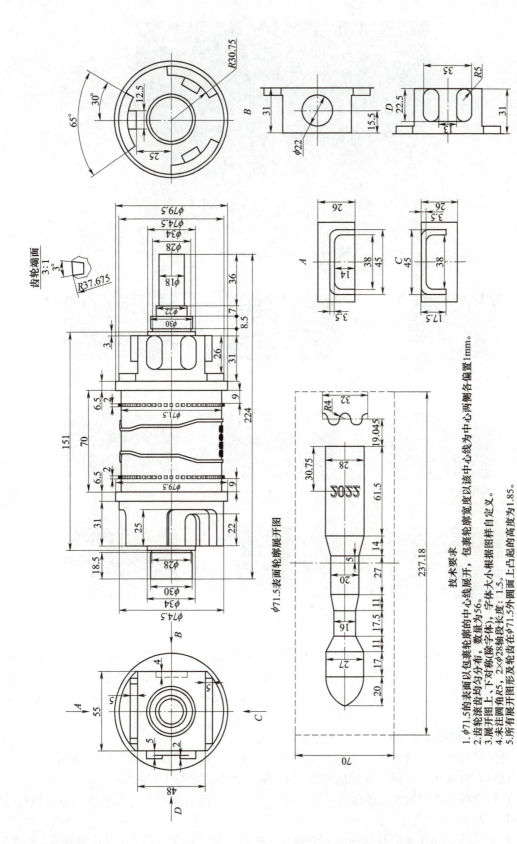

图 3-119 主动轴零件图

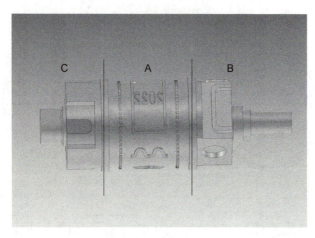

图 3-120 轴段分段示意图

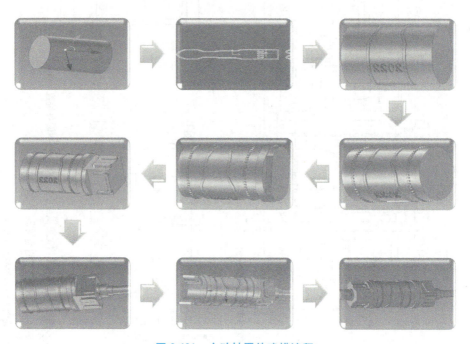

图 3-121 主动轴零件建模流程

3）基于四轴加工需规范化零件的空间位置，确定零件基准坐标系。单击圆柱体，用右键从"属性"列表中选择"零件属性"，进入"工程模式零件"对话框，选择"位置"选项，修改位置：$X=-35/Y=0/Z=0$；设置"方向"：$Y=1$，角度 $=90°$，单击"确定"按钮，如图 3-122 所示。

2. 采用工程图模块绘制 $\phi 71.5$ 表面轮廓展开图

1）选择"菜单"→"文件"→"新的图纸环境"，进入工程图模块，如图 3-123 所示。

2）鼠标左键选择"常用"功能区中的"孔/轴"命令，如图 3-124 所示。

3）确认立即菜单中的默认信息以世界坐标系"0，0"点为插入点，沿 X 轴负方向进行绘制，如图 3-125 所示。

4）将 $\phi 71.5$ 表面轮廓展开图分成 8 个轴段，通过调整"起始直径""终止直径""长度"

项目3 实体造型

图 3-122　圆柱体定位

图 3-123　启动工程图模块

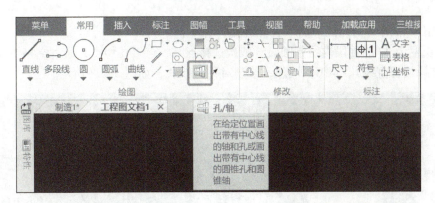

图 3-124　"孔/轴"命令

图 3-125　孔/轴定位

来完成。例如，第一个轴段，输入"起始直径"28，"终止直径"28，当鼠标指针还处于数值编辑状态时，按<Enter>键确认。接着移动指针确认轴段方向（注：第一轴段方向确认后，后面所有轴段全部基于此方向），在状态栏"轴上一点或轴的长度"后输入61.5，输入完成后按<Enter>键确认，完成第一个轴段（孔/轴绘制一气呵成，中间不要进行其他操作），如图3-126所示。

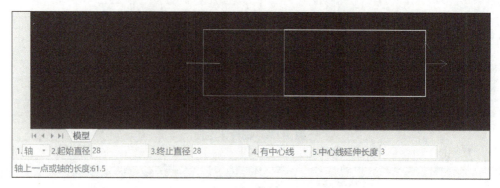

图 3-126 孔/轴参数定义

5）以此类推，其余轴段沿 X 轴负方向依次绘制，如图 3-127 所示。

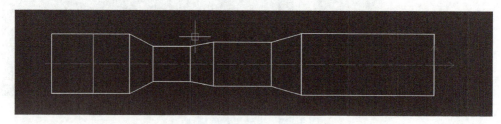

图 3-127 孔/轴绘制

6）单击"常用"功能区中的"三点圆弧"命令。

7）在长度为 20 的轴段内绘制圆弧。依次选择点 A、点 B（切点，通过空格键调出，先选择切点再选择相切直线）、点 C，同理，绘制对称圆弧线，如图 3-128 所示。

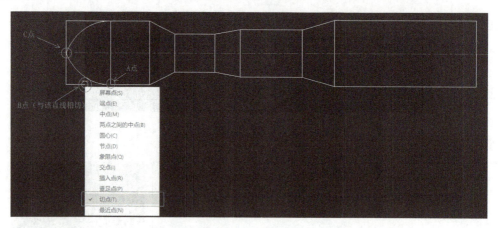

图 3-128 "三点圆弧"命令绘制圆弧

8）选择其他多余线架，按<Delete>键删除。

9）鼠标左键选择"常用"功能区中的"圆"命令，首先输入圆心点坐标"19.045，0"，按<Enter>键确认，其次输入直径 8，按<Enter>键确认，完成圆绘制，如图 3-129 所示。

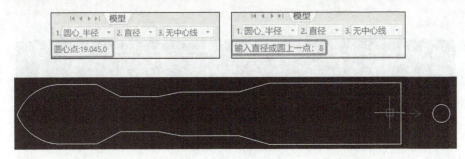

图 3-129　绘制圆

10）选择"常用"功能区中的"平移复制"命令，在立即菜单中，选择"给定偏移""保持原态"设置旋转角为 0，比例为 1，份数为 2，鼠标左键选中圆线架且在右下角状态栏中单击"正交"按钮。鼠标移动到绘图区相对于圆向 Y 方向移动，保持位置，键盘输入数值 8（体现在左下角状态栏"X 或 Y 方向偏移量"中），按<Enter>键确认。同理，绘制对称的两个圆，如图 3-130 所示。

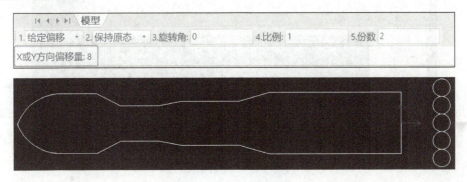

图 3-130　平移复制圆

11）选择"常用"功能区中的"矩形"命令，在立即菜单中，选择"长度和宽度""中心定位"，设置角度为 0，长度为 32，宽度为 32，鼠标左键选中"中间圆"圆心进行定位。

12）选择"常用"功能区中的"裁剪"命令，裁剪多余线架，删除矩形，如图 3-131 所示。

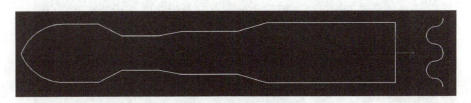

图 3-131　裁剪多余线架

13）选择"常用"功能区中的"等距线"命令，在立即菜单中，选择"链拾取""指定距离""双向""尖角连接""空心"，设置距离为 1、份数为 1，选择"删除源对象"，鼠标左键分别选中已绘制的两段轮廓线进行偏置，且 R4 的圆弧轮廓开口处用"直线"命令进行连接，如图 3-132 所示。

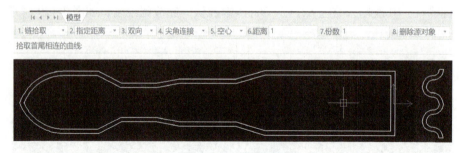

图 3-132　等距线偏置

14）字体绘制。首先绘制辅助线，选择"直线"命令，单击坐标系原点作为第一点，确认方向，然后输入 30.75，按<Enter>键完成辅助直线绘制。

选择"常用"功能区中的"文字"命令，选择"指定两点"方式，在任意位置指定字体区间（区间大于字体），弹出"文本编辑器"，选择"居中对齐""宋体"，设置字高为 11、旋转角为 90°，单击"确定"按钮，如图 3-133 所示。

图 3-133　文本编辑

15）移动字体到指定位置。单击字体，再次单击字体中间蓝色方形标识，按图样尺寸将其整体移动到长 30.75 直线的左侧端点处，如图 3-134 所示。

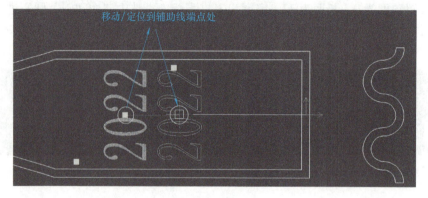

图 3-134　移动字体

16）镜像字体。单击字体，单击右键，在弹出的快捷菜单中选择"分解"，再选择"常用"功能区中的"镜像"命令,框选字体,以辅助直线为"镜像轴"进行镜像,最后删除辅助直线,完成展开图,如图 3-135 所示。

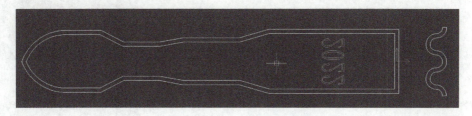

图 3-135　φ71.5 表面轮廓展开图

17) 移动视图。重新定位坐标系,保证与设计环境坐标系对应,鼠标左键选择"常用"功能区中的"平移"命令。

18) 在立即菜单中,选择"给定偏移""保持原态"设置旋转角为 0、比例为 1,鼠标左键框选全部视图,待全部选择完成后鼠标右键确认。将鼠标移动到绘图区相对于视图向 X 方向移动,配合右下角状态栏"正交"模式,保持位置,输入数值 80.5 (体现在左下角状态栏"X 或 Y 方向偏移量"中),按<Enter>键确认。

19) 视图平移完成后,框选全部视图,单击右键,在快捷菜单中选择"输出 DWG/DXF"命令,在弹出的"另存为"对话框"文件名"文本框中输入文件名"模型","保存类型"选择"AutoCAD 2018 DXF (∗.dxf)",单击"保存"按钮,如图 3-136 所示。

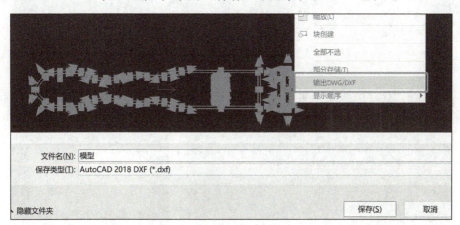

图 3-136　展开图保存

3. 将工程图二维模型导入到制造环境中

1) 切换到制造环境,单击"草图"功能区中的"二维草图"下拉菜单,选择"在 X-Y 基准面"命令,创建草图。

2) 进入草图环境,在绘图区域单击右键,在快捷菜单中选择"输入"命令,打开"输入文件"对话框。在对话框中选择保存的 .dxf 文件。单击"打开"按钮,弹出"二维草图读入选项"对话框,单击"确定"按钮,将文件导入到草图环境,最后单击"完成"按钮,退出草图,完成草图的绘制,如图 3-137 所示。

4. 将草图进行包裹偏移

1) 鼠标左键选中绘制的草图,启动"三维球"命令,旋转草图至与圆柱轴线方向垂直。

2) 单击三维球控制手柄,鼠标右键按住三维球控制锚点向上拖动,松开鼠标,在快捷菜

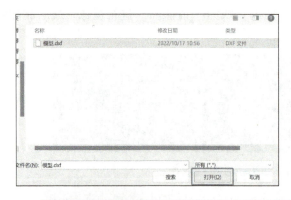
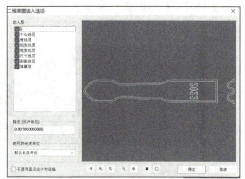
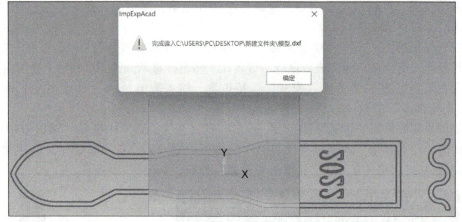

图 3-137　导入文件

单中选择"平移",在弹出的"编辑距离"对话框里输入距离为"40"(大于圆柱半径即可),单击"确定"按钮,完成平移,如图 3-138 所示。

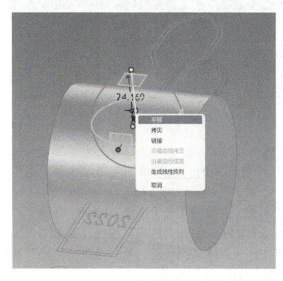

图 3-138　用三维球平移草图

3)选择"特征"功能区中的"修改"→"包裹偏移"命令。

4)打开"包裹偏移"属性定义页面,"包裹曲线类型"选择"特征","特征"选择绘制的草图,"拾取的面"选择圆柱表面,"定位类型"选择"投影","包裹"选择"凸起","偏置"设置为 1.85,单击  完成,如图 3-139 所示,完成后的零件如图 3-140 所示。

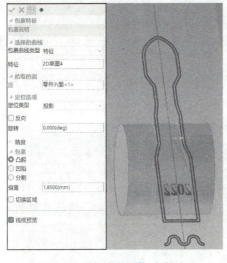
图 3-139 "包裹偏移"参数定义

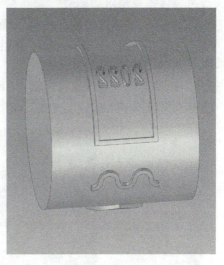
图 3-140 线架包裹

5. 齿轮滚齿:利用"草图"命令绘制齿轮端面二维轮廓

1)单击"草图"功能区中的"二维草图"按钮。

2)打开"2D 草图位置"参数定义页面,选择"2D 草图放置类型"为"点","几何元素"选择端面圆的中心点,单击 完成。

3)在"草图"功能区选择"圆心+半径"命令,以中心坐标为圆心,分别绘制 $R35.75$ 和 $R37.675$ 的圆。

4)绘制角度线。选择"2 点线"命令,鼠标移动到圆心点,单击确定圆心,拉长斜线,单击鼠标右键,在弹出的"直线长度/斜度编辑"对话框里输入倾斜=88.5°,长度自定义(注:超出最外圆轮廓即可)。同理,绘制另外一条倾斜=91.5°的直线,单击"确定"按钮,如图 3-141 所示。

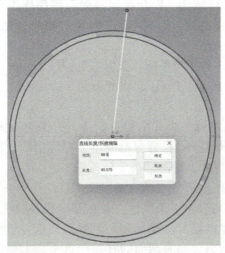
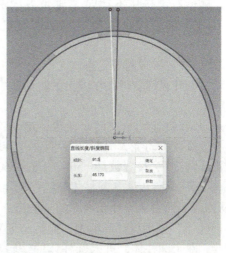
图 3-141 绘制角度线

5)选择"裁剪"命令,鼠标左键移动到被裁剪线架处,待被裁剪线架呈绿色状态时,单击鼠标左键。按此操作裁剪多余线架至图样要求,最后单击"完成"按钮,退出草图,完成草图的绘制。

6. 齿轮滚齿拉伸:利用"特征"→"拉伸"+"三维球"命令生成齿轮实体特征

1)选择"特征"功能区中的"拉伸"命令。

2)单击"拉伸"按钮,在弹出的"属性"立即菜单"选项"里选择"从设计环境中选择一个零件",单击已创建的实体。

3)打开"拉伸特征"属性定义页面,"截面"选择轮齿端面,高度=2,确认方向,如方向错误,选中"反向",单击 ✓ 完成,如图3-142所示。

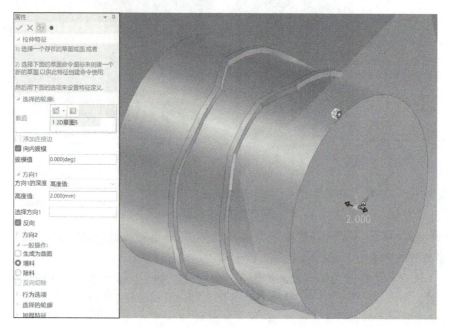

图 3-142 修改拉伸特征属性

4)双击轮齿实体,轮齿黄色高亮显示代表选中,启动三维球,附着于轮齿上,选中 A 外控制手柄,鼠标右键按住不动向 X 轴负方向进行拖动,松开鼠标右键,在快捷菜单中选择"平移",在弹出的"编辑距离"对话框中输入距离=9,单击"确定"按钮,如图3-143所示。

5)同理,在三维球附着轮齿状态下,选中 A 外控制手柄,鼠标右键按住不动向 X 轴负方向进行拖动,松开鼠标右键,在弹出的对话框中选择"拷贝",设置数量=1,距离=50,单击"确定"按钮。

6)按<Shift>键连续选中两个轮齿,启动三维球,将其附着于轮齿上,选中 A 外控制手柄,鼠标右键按住不动绕 A 外控制手柄进行旋转拖动,松开鼠标右键,在弹出的对话框中选择"生成圆形阵列",设置数量=56,角度=360°/56,单击"确定"按钮。

7. 右端 ϕ79.5 和 ϕ74.5 圆柱体建模:利用图素+草图生成实体特征

1)从操作界面右侧设计元素库的"图素"列表中,用鼠标左键选择"圆柱体",按住左键,将"圆柱体"拖到设计环境中,捕捉已创建模型的右端面中心后释放鼠标左键,完成圆柱体的拖放。双击圆柱体,进入圆柱体的编辑状态,在右端面的智能图素手柄上单击鼠标右键，在快捷菜单中选择"编辑包围盒"，打开"编辑包围盒"对话框。输入长度 = 79.5，宽度 = 79.5，高度 = 6.5，单击"确定"按钮。

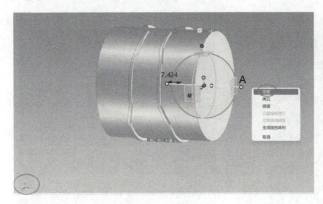
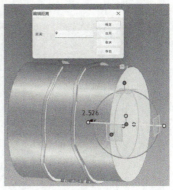

图 3-143　用三维球平移特征

2) 同理，从"图素"列表中继续拖放"圆柱体"至 φ79.5 圆柱右端面的中心位置。

3) 双击 φ74.5 圆柱体，进入其编辑状态。在图素黄色编辑区域单击鼠标右键，在快捷菜单中选择"编辑草图截面"，如图 3-144 所示。进入该图素二维截面草图，根据图样右视图，绘制两条直线，如图 3-145 所示。

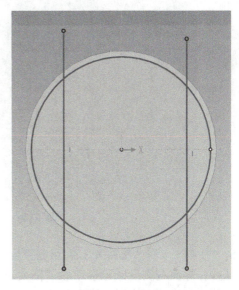

图 3-144　编辑草图截面　　　　　　　　　图 3-145　绘制直线

4) 在"约束"功能区中选择"镜像"命令，对两条直线进行对称约束，如图 3-146 所示。再选择"智能标注"命令，在"参数编辑"对话框设置两条直线间距 = 55，单击"确定"按钮，如图 3-147 所示。最后选择"裁剪"命令裁剪多余线架，完成且退出草图，如图 3-148 所示。

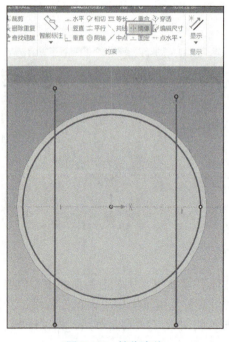
图 3-146 镜像直线

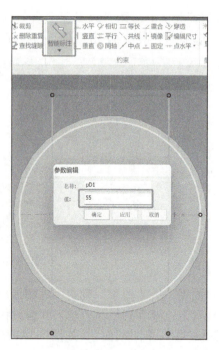
图 3-147 尺寸驱动

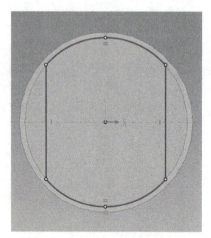

图 3-148 裁剪线架完成实体

8. 55×48×26 长方体建模：利用图素生成实体特征

从操作界面右侧设计元素库的"图素"列表中，用鼠标左键选择"长方体"，按住左键，将长方体拖到设计环境中，捕捉 $\phi 74.5$ 圆柱体右端面的圆心，释放鼠标左键，完成长方体的拖放。双击长方体，进入长方体编辑状态，在右端面高度方向的控制手柄上单击鼠标右键，在快捷菜单中选择"编辑包围盒"，打开"编辑包围盒"对话框。输入长度=55，宽度=48，高度=26，单击"确定"按钮。

9. A 向视图特征：利用"草图"+"特征"命令生成实体

1）单击"草图"功能区中的"二维草图"按钮。

2）打开"2D 草图位置"参数定义页面，选择"2D 草图放置类型"为"点"，"几何元素"选择长方体右端面边的中心位置,单击 ✓ 完成,如图 3-149 所示。

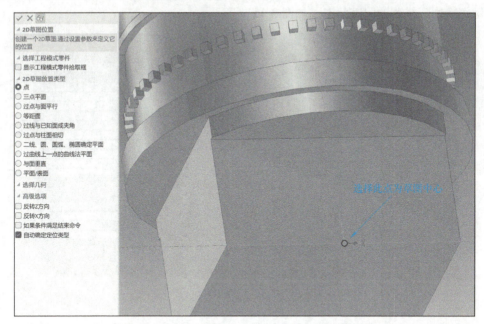

图 3-149　2D 草图位置参数定义

3）在"草图"功能区选择"中心矩形"命令,捕捉中心坐标,分别绘制两个矩形,长度=45、宽度=35 和长度=38、宽度=28,单击"确定"按钮。

4）选择"过渡"命令,对矩形尖角处进行 $R5$ 的圆角过渡;选择"2 点线"命令,沿矩形轮廓边中心绘制直线,将矩形轮廓一分为二,保留上面部分;选择"裁剪"命令将下面部分删除,单击 ✓ 完成,最后单击"完成"按钮,退出草图,完成草图的绘制,如图 3-150 所示。

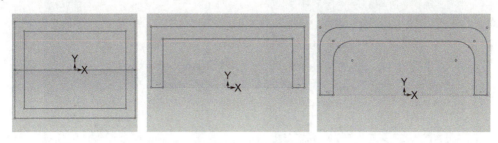

图 3-150　矩形裁剪

5）选择"特征"功能区中的"拉伸"命令。

6）单击"拉伸"按钮,在弹出的"属性"立即菜单"选项"里选择"从设计环境中选择一个零件",单击已创建的实体。

7）打开"拉伸特征"属性定义页面,"截面"选择 2D 草图,高度值为"5",选择"增料",单击 ✓ 完成。

10. C 向视图特征:利用三维球镜像移动功能完成

1）鼠标左键双击 A 向特征,待黄色高亮显示后启动三维球,此刻三维球呈蓝色附着状态,按空格键切换至三维球白色脱离状态。选择三维球中心控制手柄,单击右键,在快捷菜单中选择"点到点",依次捕捉长方体轮廓边的中心,使三维球移动到长方形端面的中心位置,再次按空格键切换回三维球的附着状态,如图 3-151 所示。

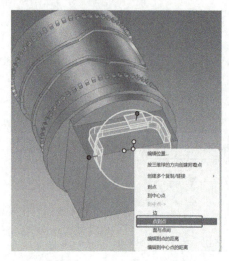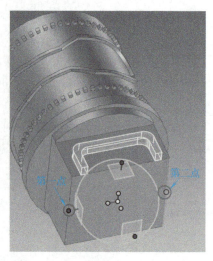

图 3-151 三维球定位

2)将鼠标移动到内控制手柄 A 上,待黄色高亮显示后,单击右键,在快捷菜单中选择"镜像"→"拷贝"。

3)按<Esc>键退出三维球状态。双击过来的 A 向特征,将鼠标移动到内控制手柄 A 上,待黄色高亮显示后,单击右键,在快捷菜单中选择"镜像"→"平移",如图 3-152 所示。再将鼠标移动到对应的外控制手柄上,鼠标右键向 X 轴负方向进行拖动,松开鼠标右键,在快捷菜单中选择"平移"命令,打开"编辑距离"对话框。输入距离 17.5,单击"确定"按钮,完成 C 向特征建模,如图 3-153 所示。

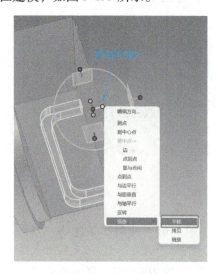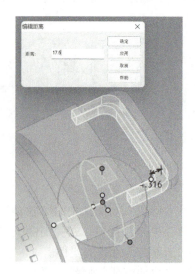

图 3-152 用三维球镜像　　　　图 3-153 用三维球平移

11. B 向视图特征:利用图素完成实体建模

1)从操作界面右侧设计元素库的"图素"列表中,用鼠标左键选择"孔类圆柱体",按住左键,将孔类圆柱体拖到设计环境中,捕捉长方体棱边中点 A,释放鼠标左键,完成孔类圆柱体的拖放，如图 3-154 所示。双击孔类圆柱体，进入孔类圆柱体的编辑状态，基于高度控制手柄，单击右键，在快捷菜单中选择"编辑包围盒"，打开"编辑包围盒"对话框。输入长度=22，宽度=22，高度=4，单击"确定"按钮。

2）双击选择孔类圆柱体，进入孔类圆柱体编辑状态，启动三维球，选择外控制手柄 A，鼠标右键向 X 轴负方向拖动，松开鼠标右键，在快捷菜单中选择"平移"命令，在弹出的"编辑距离"对话框中输入距离15.5，单击"确定"按钮，如图 3-155 所示。

12. D 向视图特征：利用"草图"+"特征"命令完成实体建模

1）单击"草图"功能区中的"二维草图"按钮。

2）打开"2D 草图位置"参数定义页面，选择"2D 草图放置类型"为"点"，"几何元素"选择长方体右端面棱边的中心位置，单击 ✓ 完成，如图 3-156 所示。

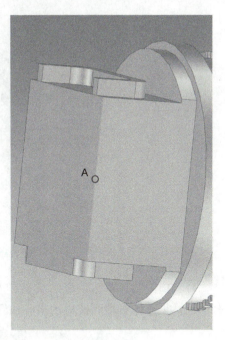

图 3-154　孔类圆柱体定位

3）在"草图"功能区选择"中心矩形"命令，捕捉中心坐标，绘制矩形，长度=35、宽度=45，单击"确定"按钮。

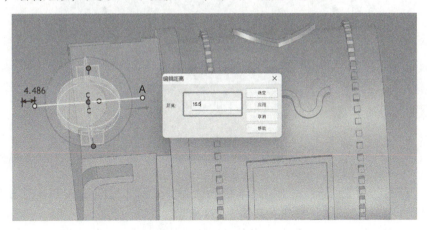

图 3-155　移动孔类圆柱体

4）选择"过渡"命令，对矩形尖角处进行 R5 的圆角过渡。选择"2 点线"命令，沿矩形轮廓边中心绘制直线，将矩形轮廓一分为二，保留上面部分。选择"裁剪"命令将下面部分删除，单击 ✓ ，最后单击"完成"按钮，退出草图，完成草图的绘制。

5）选择"特征"功能区中的"拉伸"命令。

6）单击"拉伸"按钮，在弹出的"属性"立即菜单"选项"里选择"从设计环境中选择一个零件"，单击已创建的实体。

7）打开"拉伸特征"属性定义页面，"截面"选择 2D 草图，高度值为 3，选择"增料"，单击 ✓ 完成。

8）单击"草图"功能区中的"二维草图"按钮。

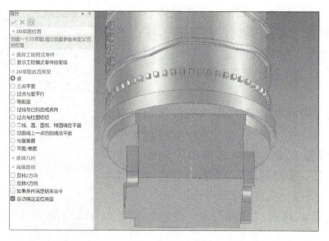

图 3-156　2D 草图位置参数定义 1

9）打开"2D 草图位置"参数定义页面，选择"2D 草图放置类型"为"点"，"几何元素"选择长方体右端面棱边的中心位置，单击 ✓ 完成，如图 3-157 所示。

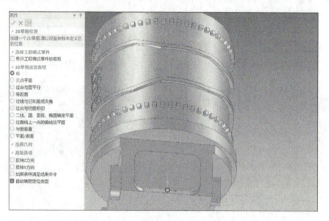

图 3-157　2D 草图位置参数定义 2

10）在"草图"功能区选择"圆心+半径"命令，分别捕捉圆弧 A 和圆弧 B 的圆心，绘制两个 $R5$ 的圆，单击"确定"按钮，如图 3-158 所示。

11）选择"移动"命令，"模式"选中"选择实体"。选择实体：框选两个圆；设置参数 X 为-1，Y 为 0，选中"拷贝"，单击 ✓ 完成。

12）选择"2 点线"命令，根据图样要求，将四个圆沿相切点进行连接，并通过"裁剪"命令将多余线架裁减掉。

13）选择"镜像"命令，选择实体：框选图形，单击右键确定；选择镜像轴：单击 Y 轴，单击 ✓，最后单击"完成"按钮，退出草图，完成草图的绘制，如图 3-159 所示。

14）选择"特征"功能区中的"拉伸"命令。

15）单击"拉伸"按钮，在弹出的"属性"立即菜单"选项"里选择"从设计环境中选择一个零件"，单击已创建的实体。

16）打开"拉伸特征"属性定义页面，"截面"选择 2D 草图，高度值为 2，选择"增料"，单击 ✓ 完成。

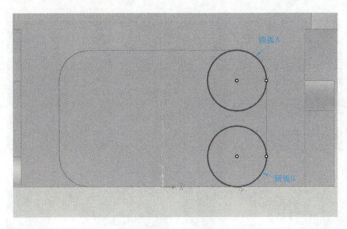

图 3-158 绘制圆

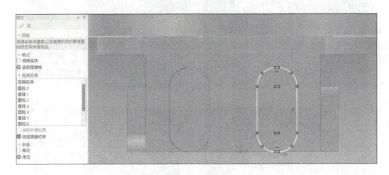

图 3-159 镜像实体

13. 右端阶梯轴特征：利用图素完成实体建模

1) 从操作界面右侧设计元素库的"图素"列表中，用鼠标左键选择"圆柱体"，按住左键，将圆柱体拖到设计环境中，捕捉面 A 上的任意一点后释放鼠标左键，完成圆柱体的拖放，如图 3-160 所示。双击圆柱体，进入圆柱体的编辑状态，在右端面的智能图素手柄上单击鼠标右键，在快捷菜单中选择"编辑包围盒"，打开"编辑包围盒"对话框。输入长度=34，宽度=34，高度=3，单击"确定"按钮。

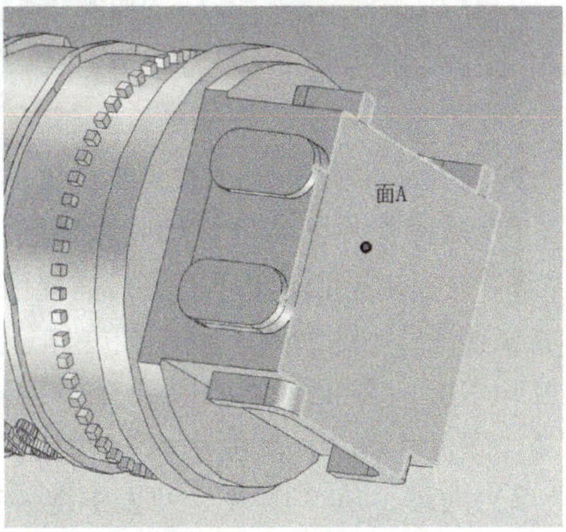

2) 在圆柱体编辑状态下，按<F10>键启动三维球，将鼠标移动到中心控制手柄上。单击右键，在快捷菜单中选择"到中心点"，单击面 A，将圆柱体进行中心定位，如图 3-161 所示。

图 3-160 圆柱体定位 1

3) 按<F5>键，基于 X-Y 视图摆正，单击三维球 X 轴方向外控制手柄，鼠标右键按住不动向 X 轴正方向拖动外控制手柄，松开鼠标右键，选择"移动"，在弹出的"编辑距离"对话框中，输入距离 31，单击"确定"按钮。

4) 同理，从设计元素库的"图素"列表中，选择"圆柱体"图素，按住左键，捕捉右端面圆柱圆心，依次进行圆柱体图素的拖入，按照图样尺寸要求，应用"编辑包围盒"命令，依次创建 $\phi28$、$\phi30$、$\phi22$、$\phi18$ 轴段，单击"确定"按钮，如图 3-162 所示。

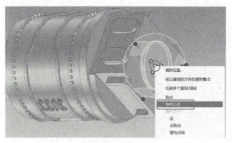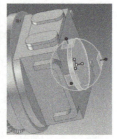

图 3-161　圆柱体定位 2

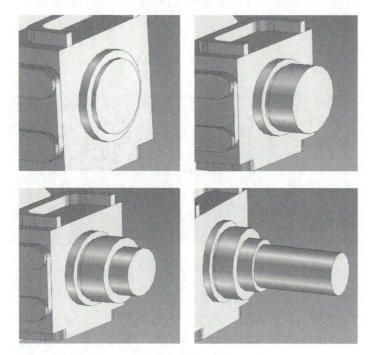

图 3-162　创建圆柱体

14. 左端 ϕ79.5 和 ϕ74.5 圆柱体建模：利用图素生成实体特征

1）从操作界面右侧设计元素库的"图素"列表中，用鼠标左键选择"圆柱体"，按住左键，将圆柱体拖到设计环境中，捕捉已创建模型的左端面中心后释放鼠标左键，完成圆柱体的拖放，如图 3-163 所示。双击圆柱体，进入圆柱体的编辑状态。在左端面的智能图素手柄上单击鼠标右键，在快捷菜单中选择"编辑包围盒"，打开"编辑包围盒"对话框。输入长度 = 79.5，宽度 = 79.5，高度 = 6.5，单击"确定"按钮。

2）同理，从"图素"列表中继续拖放圆柱体至 ϕ79.5 圆柱左端面的中心位置。双击圆柱体，在圆柱体的编辑状态下，选中圆柱体高度方向控制手柄，单击鼠标右键，在快捷菜单中选择"编辑包围盒"，打开"编辑包围盒"对话框。输入长度 = 74.5，宽度 = 74.5，高度 = 31，单击"确定"按钮。

15. 左视图截面绘制：利用"草图"命令生成二维截面

1）单击"草图"功能区中的"二维草图"按钮。

2）打开"2D 草图位置"参数定义页面，选择"2D 草图放置类型"为"点"，"几何元素"选择左端面圆柱体圆心，单击 ✓ 完成。

3) 在"草图"功能区选择"圆心+半径"命令，捕捉圆心坐标，依次绘制 φ74.5 和 φ61.5 的圆。

4) 参照图样左视图的二维轮廓结构，选择"2 点线"命令，捕捉圆心坐标，依次任意绘制两条角度线，再依次绘制任意两条垂直线和一条水平线，如图 3-164 所示。

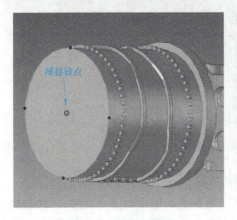
图 3-163　圆柱体定位

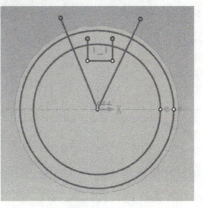
图 3-164　绘制直线

5) 选择"智能标注"命令，根据图样要求进行尺寸驱动，如图 3-165 所示。

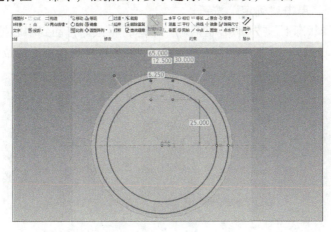
图 3-165　智能标注

6) 选择"裁剪"命令，根据图样要求对多余线架进行裁剪，再用阵列功能绘制其余两个相同特征。选择"圆形阵列"命令，在属性定义页面输入阵列数目=3，角度跨度=360°，选择"阵列实体"，框选已绘制线架，单击 ✓，最后单击"完成"按钮，退出草图，完成草图的绘制，如图 3-166 所示。

16. 左视图特征生成：利用"拉伸"命令生成实体特征

1) 选择"特征"功能区中的"拉伸"命令。

2) 单击"拉伸"按钮，在弹出的"属性"立即菜单"选项"里选择"从设计环境中选择一个零件"，单击已创建的实体。

3) 打开"拉伸特征"属性定义页面，"截面"选择 2D 草图，高度为 25，选择"除料"，单击 ✓ 完成。

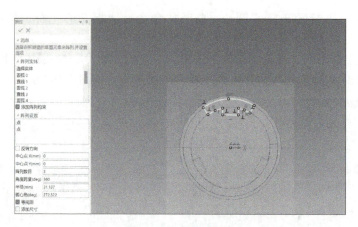

图 3-166　阵列曲线

17. 三组区域槽特征生成：利用图素生成实体特征

1）从操作界面右侧设计元素库的"图素"列表中，用鼠标左键选择"圆柱体"，按住左键，将圆柱体拖到设计环境中，捕捉已创建模型的左端面中心后释放鼠标左键，完成圆柱体的拖放。双击圆柱体，进入圆柱体的编辑状态，在左端面的智能图素手柄上单击鼠标右键，在快捷菜单中选择"编辑包围盒"，打开"编辑包围盒"对话框。单击高度控制手柄，输入高度=3，长度=宽度=61.5，单击"确定"按钮。

2）在圆柱体编辑状态下，按<F10>键启动三维球，将鼠标移动到中心控制手柄上，单击鼠标右键，在快捷菜单中选择"到中心点"，单击圆 A，将圆柱体进行中心定位，如图 3-167 所示。

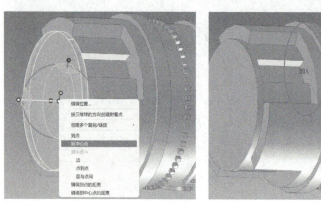

图 3-167　圆柱体定位

3）选择"特征"功能区中的"圆角过渡"命令。

4）打开"过渡特征"属性定义页面，输入半径"5"，根据图样要求，依次单击三组区域槽，根据示意图判断轮廓是否拾取正确（注：拾取错误后可在"几何"列表中通过鼠标右键删除），单击 ✓ 完成，如图 3-168 所示。

18. 左端 $\phi 34$、$\phi 28$、$\phi 30$ 圆柱体建模：利用图素生成实体特征

1）从操作界面右侧设计元素库的"图素"列表中，用鼠标左键选择"圆柱体"，按住左键，将圆柱体拖到设计环境中，依次捕捉已创建模型的左端面中心后释放鼠标左键，完成圆柱体的拖放。

2）依次双击圆柱体，进入圆柱体的编辑状态。在左端面的智能图素手柄上单击鼠标右键，

图 3-168 圆角过渡

在快捷菜单中选择"编辑包围盒",打开"编辑包围盒"对话框。依次输入 ϕ34 圆柱体:长度=宽度=34,高度=3;ϕ28 圆柱体:长度=宽度=28,高度=1.5;ϕ30 圆柱体:长度=宽度=30,高度=18.5,单击"确定"按钮。

3)完成后的零件如图 3-169 所示。

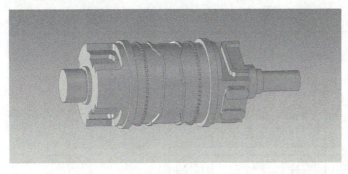

图 3-169 主动轴

【拓展训练】

完成图 3-170 所示零件的实体建模。

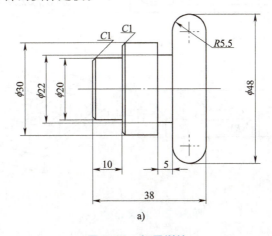

a)

图 3-170 拓展训练

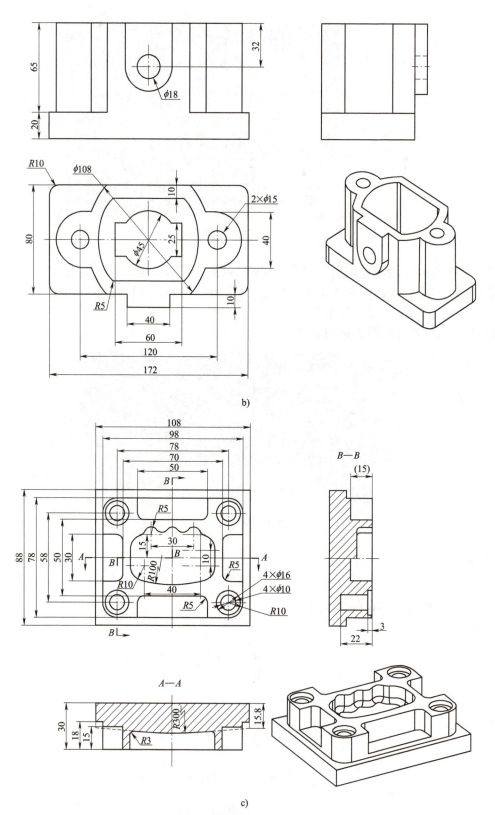

图 3-170 拓展训练（续）

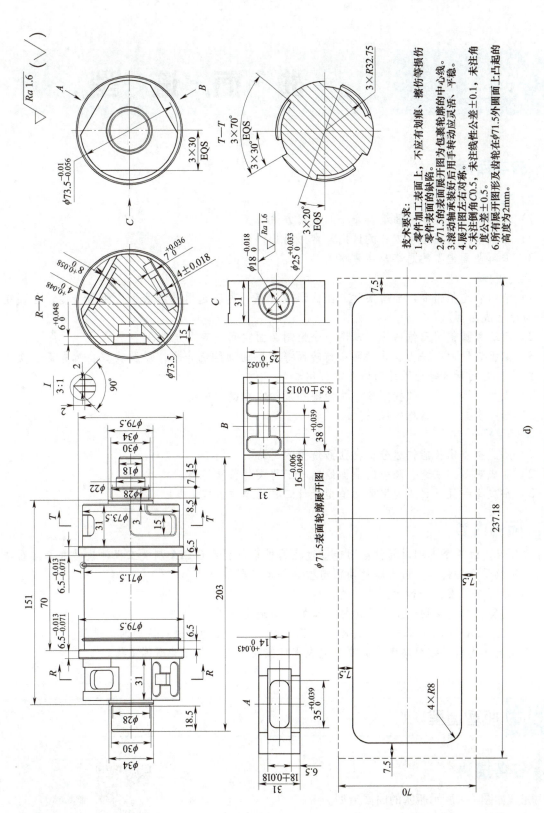

图 3-170 拓展训练（续）

项目 4 曲 面 造 型

知识目标：
1) 掌握曲面造型和曲面编辑命令的使用方法。
2) 理解不同曲面造型方法的区别与常用场景。
3) 理解曲面造型的思路与注意事项。

能力目标：
1) 能结合造型需要，分析实际曲面的形成特点，熟练选用三维曲线、曲面造型、曲面编辑等命令生成曲面。
2) 熟练掌握使用三维曲线、草图命令绘制曲面空间线架的方法。
3) 掌握直纹面、平面、导动面、旋转面等常用曲面绘制命令，以及裁剪、填充面、实体化、缝合、曲面延伸等曲面编辑命令的应用。
4) 熟悉立即菜单、快捷菜单、快捷键和鼠标左右键的应用。
5) 进一步熟悉三维球的应用。

素养目标：
1) 形成根据图样能快速分析出曲面造型的思路。
2) 养成规范、快速、高效的曲面绘制与工程文件留档习惯。
3) 形成举一反三灵活使用曲面造型设计工具的思维方式。

项目内容

本项目通过 4 个案例对零件曲面造型过程的思路与利用 CAXA 制造工程师软件进行曲面造型的方法做了详细讲解。进行零件曲面造型的基本步骤如下。
1) 根据零件图，进行曲面特征的分析。
2) 结合多样的曲面造型方法选择合理的曲面造型方式。
3) 利用 CAXA 制造工程师软件草图、三维曲线与曲面功能进行快速曲面造型。

根据上述思路，按照案例任务要求完成零件线架造型与曲面造型等工作。

4.1 瓶塞造型

完成如图 4-1 所示瓶塞的曲面造型。

4-1 瓶塞造型

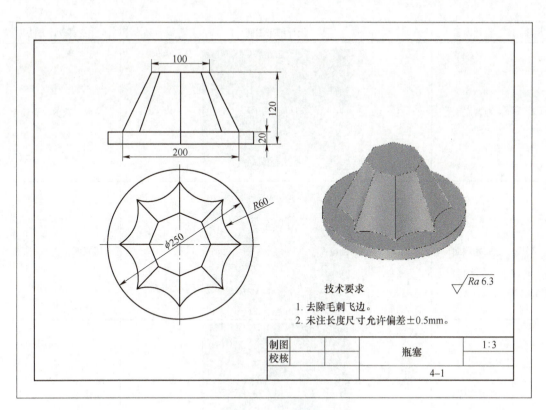

图 4-1 瓶塞零件图

任务分析

由图 4-1 可知，瓶塞的造型特点主要是其侧表面由多个空间曲面组成。因此首先应使用空间曲线构造实体的空间线架，然后利用直纹面生成曲面，曲面可以逐个生成，也可以将生成的一个曲面进行圆形阵列，得到所有的曲面。

瓶塞造型主要步骤及所使用的造型方法见表 4-1。

表 4-1 瓶塞造型步骤

步骤	设计内容	设计结果图例	主要设计方法
1	瓶塞侧面		直纹面、生成圆形阵列

(续)

步骤	设计内容	设计结果图例	主要设计方法
2	瓶塞底面		平面、裁剪、导动面
3	瓶塞顶面		填充面
4	瓶塞实体化		实体化

任务实施

1. 瓶塞侧面

1) 首先创建绘制瓶塞底部曲线所需的辅助多边形。以 X-Y 平面为绘制平面。选择"三维曲线"命令，在"三维曲线"功能区中单击"多边形"  图标按钮，在管理树下"属性"立即菜单中选择"中心""内接"，边数输入 8，如图 4-2 所示。按照系统提示选择坐标系原点作为八边形中心点，移动鼠标调整多边形放置方向，<Enter>键输入 100（八边形外接圆半径），再按<Enter>键确认，如图 4-3 所示。单击右键完成八边形绘制。结果如图 4-4 所示。

2) 单击"圆"图标按钮，在左侧"属性"立即菜单中选择以"两点+半径"的方式画圆，拾取正多边形相邻两个顶点，移动鼠标将圆心移动到多边形外侧，按<Enter>键，输入半径 60，单击右键结束，完成圆弧的绘制，如图 4-5 所示。单击"裁剪曲线"图标按钮，选择"快速裁剪""正常裁剪"命令，单击需要裁掉的曲线，即多边形外侧圆弧部分，单击右键确认完成裁剪。结果如图 4-6 所示。

图 4-2 多边形属性定义

项目 4　曲面造型

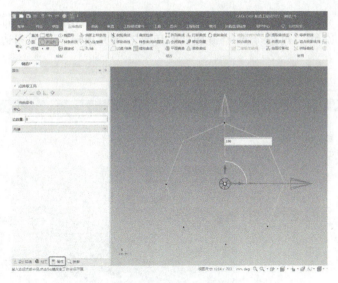

图 4-3　多边形方向及外接圆半径设置

> **技巧提示**
>
> 为保证后续绘制图形的相对位置便于观察确认，此处建议将图形的摆放方向调整为与图 4-1 所示一致，即八边形其中一个角点位于 X 轴正方向。可以通过选择"直线"→"水平垂直线"→"水平"命令绘制一条过原点与 X 轴重合的辅助线，在多边形绘制时系统就可以自动识别角点是否落在辅助线上，以确保角点所在位置和图形摆放方向。

图 4-4　多边形绘制 1

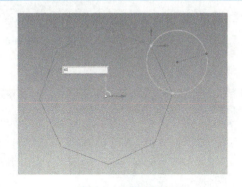

图 4-5　圆弧绘制

3) 单击"阵列曲线" 图标按钮，在管理树下"属性"立即菜单中选择"圆""相等"，份数输入 8，按提示拾取要阵列的圆弧，单击右键确认，单击原点作为阵列中心，单击右键结束。结果如图 4-7 所示。

4) 按住 <Shift> 键，依次拾取需要删除的线条，按下 <Delete> 键，完成删除操作，结果如图 4-8 所示。

5) 单击三维曲线"绘制"工具栏上"多边形" 图标按钮，按 <Enter> 键输入中心点坐标"(0, 0, 100)"（注意，此处括号、逗号需为半角格式），按 <Enter> 键确认。在管理

图 4-6　圆弧裁剪结果

树下"属性"立即菜单中选择"中心""内接",边数输入8,移动鼠标调整多边形放置方向,按<Enter>键输入半径50,再按<Enter>键确认,单击右键完成瓶塞顶面多边形的绘制。结果如图4-9所示。

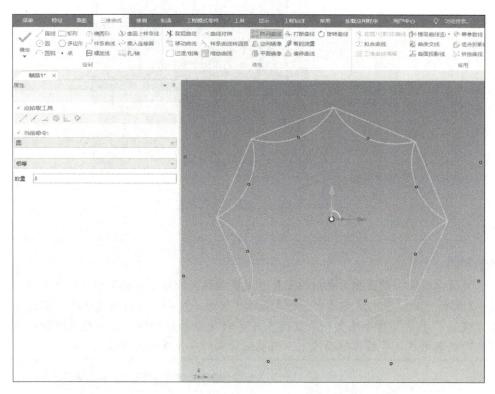

图4-7 阵列曲线

图4-8 删除多余线条

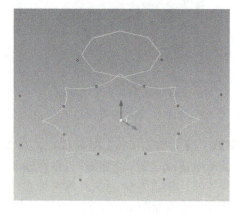

图4-9 多边形绘制2

6)单击"直线"图标按钮,选择"两点直线""单条""非正交",按提示拾取对应顶点,画出侧面棱线,结果如图4-10所示。

7)单击"圆"图标按钮,以"圆心+半径"的方式画圆。单击坐标系原点作为圆心,按<Enter>键后输入半径125,单击右键结束,完成圆的绘制,如图4-11所示。

8）单击"三维曲线"功能区中"修改"工具栏中的"移动曲线"图标按钮，选择"距离""拷贝"方式，在"Z轴值"文本框中输入"-20"，按提示拾取上文绘制的圆，单击右键确认，完成圆的平移，如图4-12所示。单击功能区左上角"确定"按钮，完成3D线架的绘制，并退出三维曲线绘制环境。

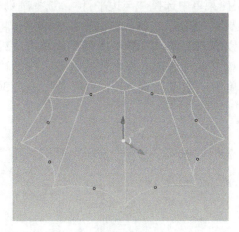
图4-10　直线绘制

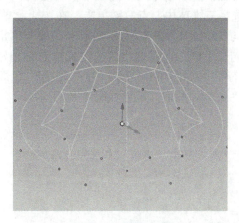
图4-11　圆的绘制

9）单击"曲面"功能区中的"直纹面"图标按钮，选择"曲线-曲线"的方式，然后拾取侧面的上下两条边完成曲面，如图4-13所示。单击右键确定。

图4-12　圆的平移

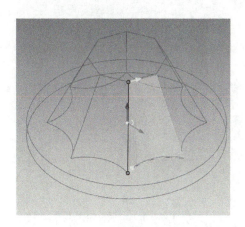
图4-13　直纹面绘制

技巧提示

在生成直纹面拾取相邻直线时，鼠标的拾取位置应该尽量保持一致，处于相对同侧位置，使拾取的两条曲线方向保持一致，如图4-13所示箭头方向，这样才能保证得到正确的直纹面。

10) 绘制曲面阵列所需的辅助轴线。单击"三维曲线"功能区中"直线"图标按钮，选择"两点直线""单条""非正交"，单击原点作为直线起点，按<Enter>键输入第二点坐标"(0，0，100)"，单击右键确定，单击"三维曲线"功能区左上角"确定"按钮，如图4-14所示。

11) 单击菜单栏中的"曲面"，按下<F10>键，调出三维球工具。按下空格键，解锁三维球。右键单击三维球内Z向短手柄（蓝色），在快捷菜单中选择"与边平行"，选择辅助轴线；然后选择三维球中心点右键单击，在快捷菜单中选择"到点"，单击辅助轴线上端点，将三维球Z向与绘图环境坐标系Z轴重合。按下空格键锁定三维球，如图4-15所示。单击三维球外部Z向长手柄，在三维球内按住鼠标右键拖动，松开鼠标右键，弹出快捷菜单，选择"生成圆形阵列"，如图4-16所示。在"阵列"立即菜单中"数量"输入8，"角度"输入360/8，单击"确定"按钮。结果如图4-17所示。

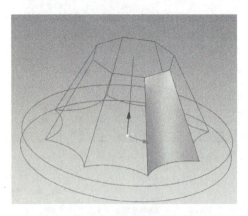

图 4-14　辅助轴线绘制

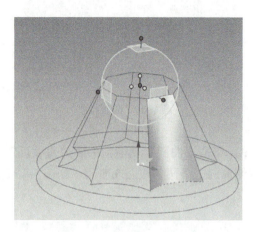

图 4-15　三维球放正位置 1

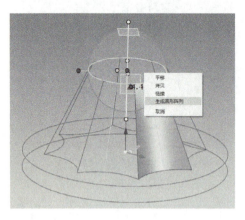

图 4-16　三维球放正位置 2

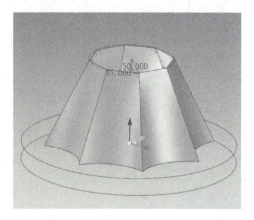

图 4-17　阵列曲面

2. 瓶塞底面

1) 绘制瓶塞底部曲线所在的圆面。单击"平面"图标按钮，在管理树下"属性"立即菜单中选择"曲线平面""包络面"，用鼠标拾取平面的外轮廓线，即位于上方的 $R125$ 的圆，单击右键确定，生成一个方形平面。然后单击"曲面编辑"工具栏里的"裁剪"图标按钮，在管理树下"属性"立即菜单中"目标零件"选择生成的方形平面，"元素"选择 $R125$ 圆轮廓线，"保留的部分"选择 $R125$ 圆内平面，如图 4-18 所示，单击右键确认完成。结果如图 4-19 所示。

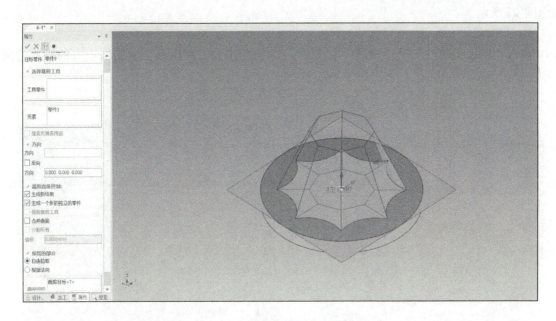

图 4-18 保留区域设置

2）使用相同方法，单击"平面"图标按钮，在管理树下"属性"立即菜单中选择"曲线平面""包络面"，用鼠标拾取位于下方的 $R125$ 的圆，单击右键确定。然后单击"曲面编辑"工具栏里的"裁剪"图标按钮，在管理树下"属性"立即菜单中"目标零件"选择生成的方形平面，"元素"选择 $R125$ 圆轮廓线（注意，此处方向设置为"0，0，1"），"保留的部分"选择 $R125$ 圆内平面，单击右键确认完成。结果如图 4-20 所示。

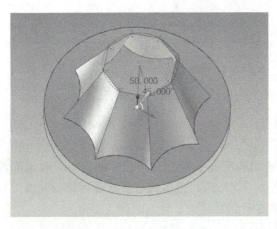

图 4-19 瓶塞底部曲线所在圆平面

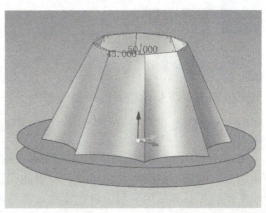

图 4-20 下平面绘制

3）单击"三维曲线"功能区中"直线"图标按钮，按<Enter>键输入坐标"（0，125，0）"，再按<Enter>键输入坐标"（0，125，-20）"，单击右键确定，绘制底部圆柱形侧面的辅助导动线，单击功能区左上角"确定"按钮。

4）单击"曲面"功能区中的"导动面"图标按钮，选择"平行"方式，"截面"拾取下方 $R125$ 圆轮廓线，"导动曲线"拾取已绘制的辅助导动线，完成底部侧面曲面，结果如图4-21所示。

3. 瓶塞顶面

单击"曲面编辑"工具栏中的"填充面"图标按钮，用鼠标依次拾取上方的正八边形的边，单击右键确认完成。结果如图4-22所示。

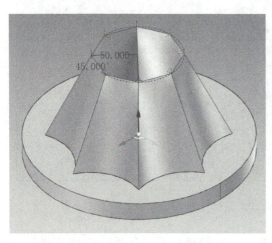

图4-21 底部侧面曲面的绘制

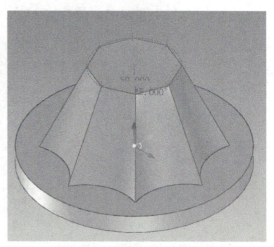

图4-22 顶面填充的绘制

4. 瓶塞实体化

单击"曲面编辑"工具栏中的"实体化"图标按钮，按住鼠标左键框选所有曲面，单击功能区左上角"确定"按钮，完成瓶塞的实体化。

4.2 盖板造型

任务描述

完成如图4-23所示盖板的曲面造型。

4-2 盖板造型

任务分析

由图4-23可知，盖板的结构由直纹面、旋转面和平面3种曲面组成。侧面由直纹面和旋转面组成，因盖板侧面为对称形状，所以曲面造型一半后进行镜像即可。底面可用相关线工具生成平面边界，然后用平面工具创建和裁剪平面完成造型。

盖板造型主要步骤及所使用的造型方法见表4-2。

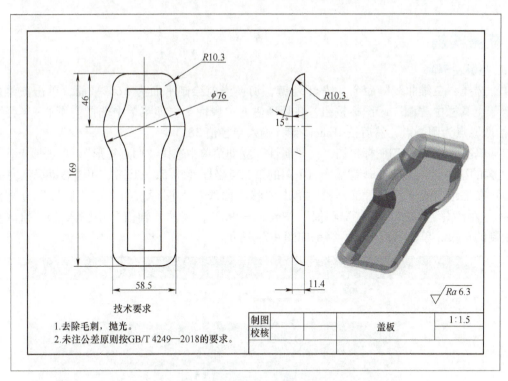

图 4-23 盖板

表 4-2 盖板造型步骤

步骤	设计内容	设计结果图例	主要设计方法
1	盖板左侧面		直纹面、旋转面、裁剪、缝合
2	盖板右侧面		三维球、镜像
3	盖板底面		边界投影、填充面

 任务实施

1. 盖板左侧面

1) 选择"三维曲线"命令,按<F5>键,切换当前绘制平面为 XOY 平面,单击三维曲线"绘制"工具栏中"圆"⊕图标按钮,在管理树下"属性"立即菜单中选择"圆心+半径"方式,拾取原点为圆心点,然后按<Enter>键,输入半径值 38。

2) 单击"矩形"□图标按钮,在"属性"立即菜单中选择"两点矩形",单击原点作为矩形左上角的第一点,按<Enter>键输入右下角的第二点坐标(58.5,-169),单击右键确认完成。

3) 在三维曲线"修改"工具栏中单击"移动曲线"图标按钮,在"属性"立即菜单中选择"距离""移动",在"X轴值"中输入-29.25,在"Y轴值"中输入46,拾取步骤 2) 绘制的矩形,单击右键确认。结果如图 4-24 所示。

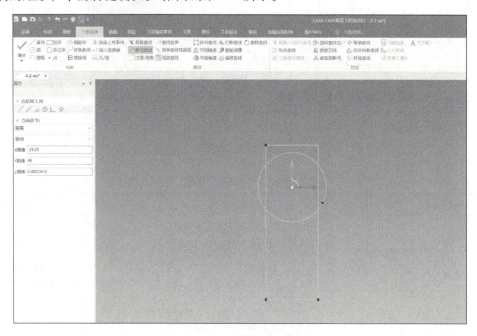

图 4-24 绘制矩形和圆

4) 单击三维曲线"修改"工具栏中的"裁剪曲线"图标按钮,在"属性"立即菜单中选择"快速裁剪""正常裁剪",按提示拾取需要裁剪掉的线段,单击右键确认,结果如图 4-25 所示。

5) 单击"过渡/倒角"图标按钮,在"属性"立即菜单中选择"圆弧过渡""裁剪第一条曲线""裁剪第二条曲线",在"半径"中输入 10.3,按提示拾取要倒圆的两条直线,单击右键确认。

6) 按下<F8>键,选择三维轴测视角空间观察。单击"直线"图标按钮,在

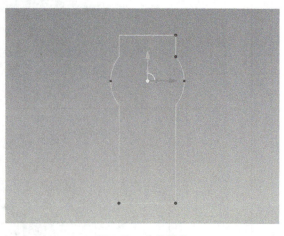

图 4-25 曲线裁剪

"属性"立即菜单中选择"两点直线""单条""非正交",捕捉长度58.5mm的两条直线段中点绘制一条直线。

7)单击"偏移曲线"图标按钮,在"属性"立即菜单中选择"单条""等距离""单向",在长度中输入10.3,按提示拾取58.5的直线,选择向内等距箭头。结果如图4-26所示。

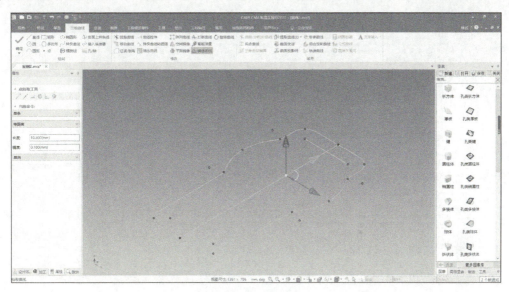

图4-26 偏移曲线

8)单击"圆"图标按钮,在"属性"立即菜单中选择"圆心+半径"方式,单击内部两条直线的交点作为圆心,按<F6>键切换构图平面至 YOZ 平面,按<Enter>键输入半径10.3,单击右键确认。

9)拾取步骤7)等距偏移的那条直线,按<Delete>键删除。

10)单击"移动曲线"图标按钮,在"属性"立即菜单中选择"距离""拷贝",在"Z轴值"中输入-11.4,按提示拾取58.5的直线,单击右键确认。结果如图4-27所示。

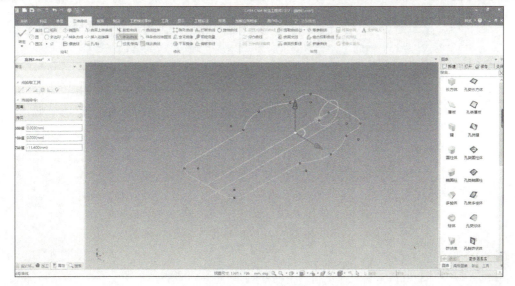

图4-27 移动曲线1

11）单击"直线" 图标按钮，在"属性"立即菜单中选择"角度线""X 轴夹角"，在"角度"中输入 15°，在"点拾取工具"对话框中单击"切点" 图标按钮，按<F6>键切换构图平面至 YOZ 平面。拾取圆，然后按<Enter>键输入直线段长度 40（长度超过步骤 10）移动、复制的直线段即可），按<Enter>键确认，得到如图 4-28 所示的角度线。

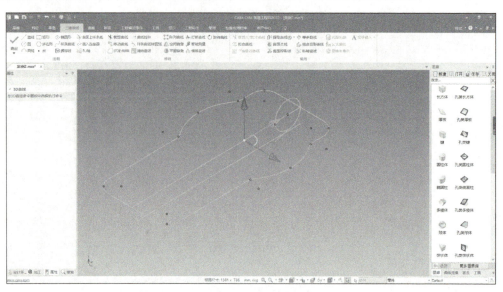

图 4-28　绘制角度线

12）单击三维曲线"修改"工具栏中的"裁剪曲线" 图标按钮，在"属性"立即菜单中选择"快速裁剪""正常裁剪"，按提示拾取需要裁剪掉的线段，单击右键确认完成。单击拾取需要删除的线段，单击右键完成删除。

13）单击"移动曲线" 图标按钮，在"属性"立即菜单中选择"两点""拷贝"方式，拾取上文所生成的曲线和直线，单击右键确认；状态栏提示"输入基点"，先拾取曲线的端点 A，然后拾取直线的端点 B，结果如图 4-29 所示。

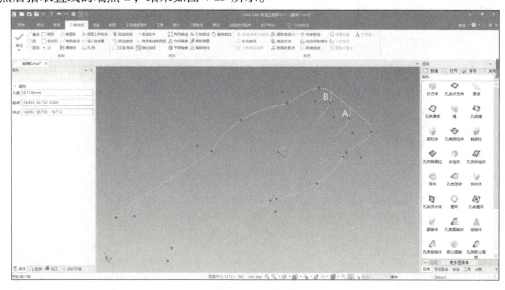

图 4-29　移动曲线 2

14）单击"曲面"功能区中的"直纹面" 图标按钮，在"属性"立即菜单中选择"曲线-曲线"方式，分别拾取两条曲线靠近的一侧，生成直纹面，结果如图 4-30 所示。

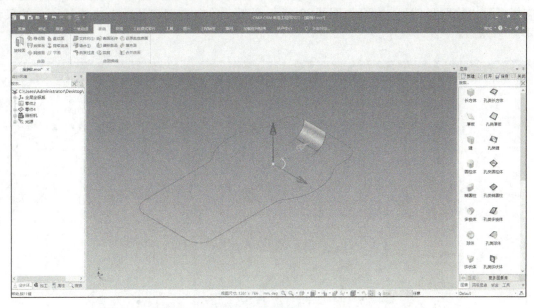

图 4-30　直纹面

15）同理，拾取两条直线段生成直纹面，结果如图 4-31 所示。

16）在设计树中选择绘制三维曲线的零件，单击右键编辑。单击选择"直线" 图标按钮，在"属性"立即菜单中选择"两点直线""单条""正交""点模式"，在"点拾取工具"对话框中单击"中心点" 图标按钮，拾取和曲面相邻的圆角圆弧，按<Tab>键切换工作坐标平面；再次单击选择"中心点" 图标按钮，切换为捕捉默认点状态，沿 Z 轴方向拖动鼠标，然后单击鼠标左键得到一条中心线 a，结果如图 4-31 所示。

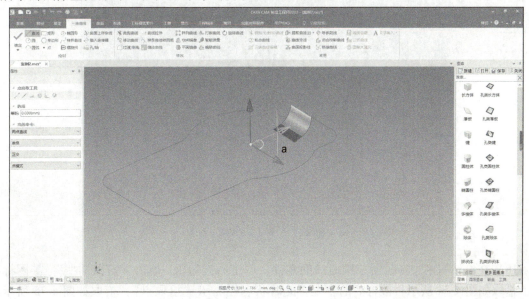

图 4-31　中心线 a

17）选择"曲面"菜单，单击"旋转面"图标按钮，在"属性"立即菜单中输入"起始角度 0""终止角度 90"，状态栏提示"请选择旋转轴"，拾取直线 a，选择向上的箭头方向；状态栏提示"拾取母线"，拾取如图 4-32 所示圆弧，单击右键确认，生成旋转面，结果如图 4-33 所示。

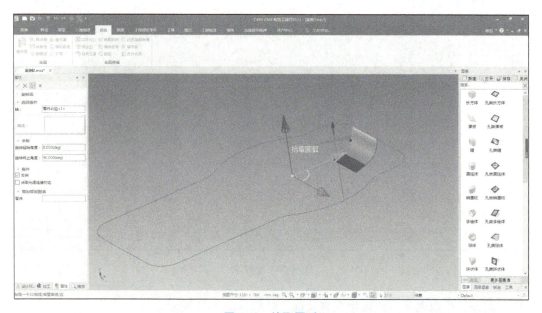

图 4-32　拾取圆弧

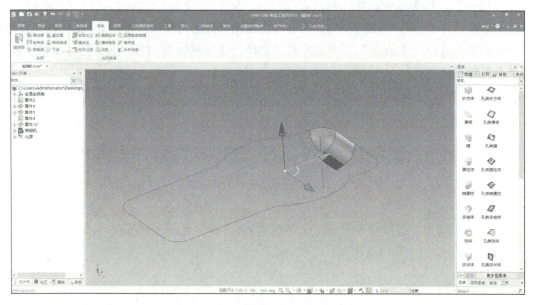

图 4-33　生成旋转面 1

18）在设计树中选择绘制三维曲线的零件，单击右键编辑。单击"打断曲线"图标按钮，拾取如图 4-34 所示将被打断的直线，此时状态栏提示"拾取点"，拾取如图 4-35 所示的交点为打断点，此时直线被分成两个部分，单击右键确认。

图 4-34　选择直线

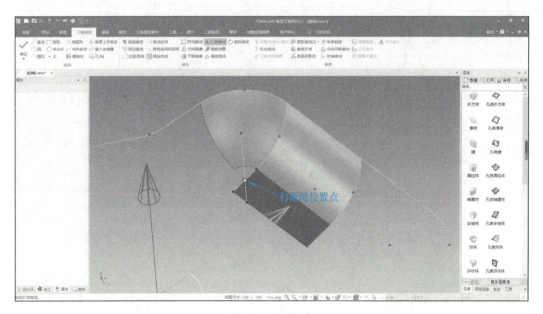

图 4-35　打断点

19）选择"曲面"菜单，单击"旋转面" 图标按钮，在"属性"立即菜单中输入"起始角度 0""终止角度 90"，状态栏提示"请选择旋转轴"，拾取直线 a，选择向上的箭头方向；状态栏提示"拾取母线"，拾取步骤 18）打断直线的上半段，单击右键确认，生成旋转面，结果如图 4-36 所示。

20）按下<Shift>键，单击拾取 A 面与 B 面，按<F10>键调用三维球，按下空格键调整三维球中心置于直线 a 上端点，选择 Z 轴为旋转轴，右键拖拽旋转，在"属性"立即菜单中选择"拷贝"，数量输入 1，角度输入 90°，单击右键确认，旋转结果如图 4-37 所示。

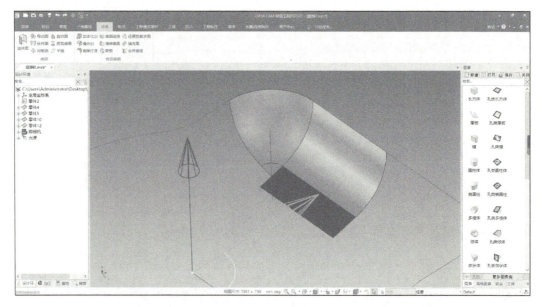

图 4-36 生成旋转面 2

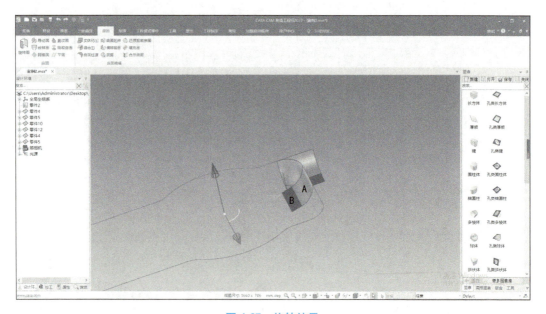

图 4-37 旋转结果

21) 按下<Shift>键,单击拾取旋转得到的新的 A 面与 B 面,按<F10>键调用三维球,按下空格键调整三维球中心置于 A 面右上角,如图 4-38 所示;选择三维球定位锚点,单击右键,在快捷菜单中选择"到点",拾取旋转曲面与当前曲面的交线,如图 4-39 所示。

22) 单击"曲面编辑"工具栏中"裁剪"图标按钮,在"属性"立即菜单中"目标零件"选择 B1 面(选择其中一个相交面作为被裁剪曲面),"工具零件"选择 B2 面(作为裁剪曲面),"保留的部分"选择 B1 面,裁剪曲面选择如图 4-40 所示,单击"确认"按钮。同理,将另一曲面进行裁剪,结果如图 4-41 所示。

项目 4 曲面造型

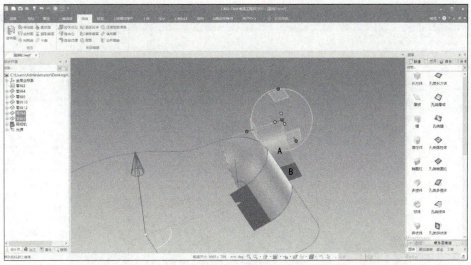

图 4-38 平移基点建立

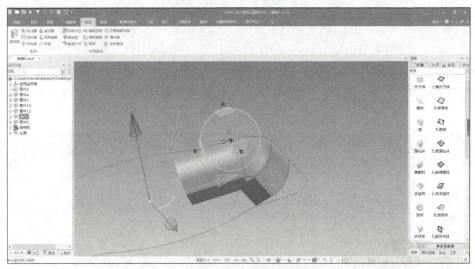

图 4-39 平移

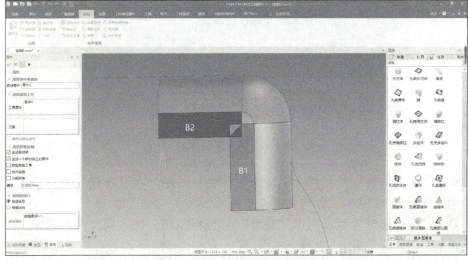

图 4-40 裁剪曲面选择

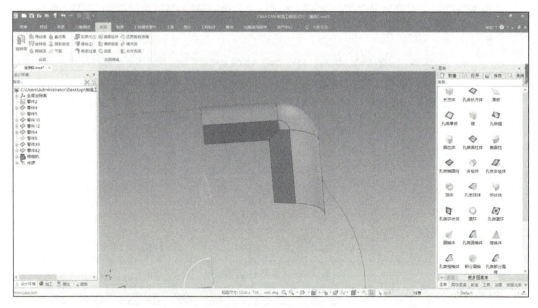

图 4-41　曲面裁剪 1

23）单击"三维曲线"功能区中的"直线" ╱ 图标按钮，在"属性"立即菜单中选择"两点直线""单条""非正交"，选择 $R10.3$ 圆弧端点及直线的端点，生成裁剪线如图 4-42 所示。

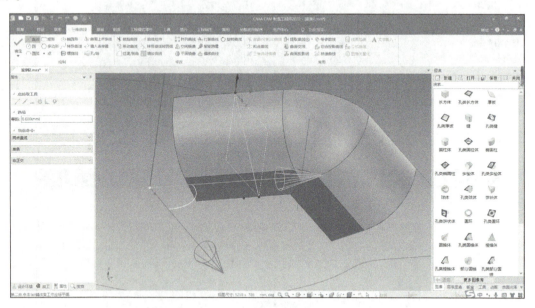

图 4-42　生成裁剪线 1

24）单击"曲面编辑"工具栏中"缝合" 图标按钮，在"属性"立即菜单的"体列表"中分别拾取要缝合的曲面，结果如图 4-43 所示。

25）单击"曲面编辑"工具栏中"裁剪" 图标按钮，在"属性"立即菜单"目标零件"中选择一个需裁剪的面作为被裁剪曲面，"元素"选择步骤 23）生成的裁剪线，"保留的部分"选择侧曲面，曲面裁剪选择如图 4-44 所示，单击"确认"按钮。

项目4 曲面造型

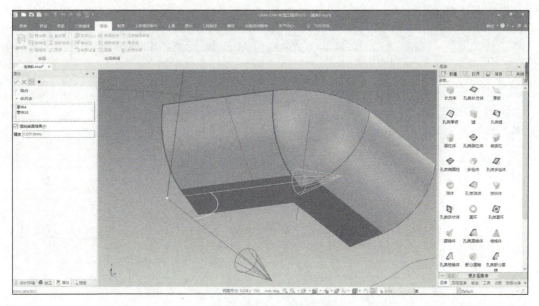

图 4-43 曲面缝合 1

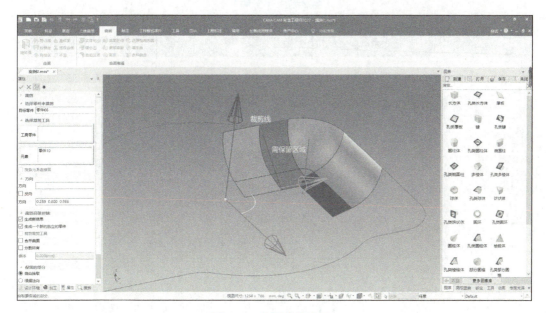

图 4-44 曲面裁剪选择 1

26)单击"三维曲线"功能区中的"直线" 图标按钮,在"属性"立即菜单中选择"两点直线""单条""正交""点模式",单击"属性"立即菜单"点拾取工具"中的"中心点",然后单击与曲面相邻的圆弧;单击"端点"捕捉默认点状态,沿 Z 轴方向拖动鼠标(如果直线无法在 Z 向上拖动,按下<F6>键,进行视图切换,再按<F8>键切换回轴侧视图),然后按<Enter>键输入直线长度,得到一条中心线 b,结果如图 4-45 所示。

27)单击"旋转面" 图标按钮,在"属性"立即菜单中输入"起始角度 0""终止角度 90",状态栏提示"请选择旋转轴",拾取直线 b,选择向下的箭头方向;状态栏提示"拾取母线",拾取步骤 25)裁剪曲面的侧边,单击右键确认,生成旋转面。同理生成下方的旋转曲面。结果如图 4-46 所示。

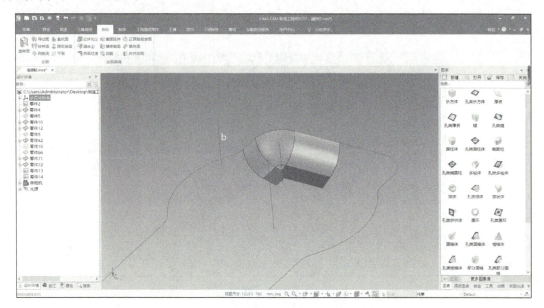

图 4-45 中心线 b

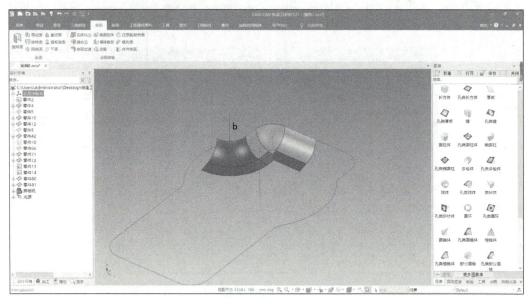

图 4-46 生成旋转面 3

28) 单击"三维曲线"功能区中的"直线" / 图标按钮,在"属性"立即菜单中选择"两点直线""单条""非正交",选择 $R10.3$ 圆弧端点及下面圆弧的中点,生成裁剪线如图 4-47 所示。

29) 同前面的曲面裁剪步骤,先单击"曲面编辑"工具栏中"缝合"图标按钮,在"属性"立即菜单的"体列表"中分别拾取要缝合的曲面,单击"确认"按钮。结果如图 4-48 所示。

30) 单击"曲面编辑"工具栏中"裁剪"图标按钮,在"属性"立即菜单"目标零件"中选择一个需裁剪的面作为被裁剪曲面,"元素"选择步骤28)生成的裁剪线,"保留的部分"选择侧曲面,曲面裁剪选择如图4-49所示,单击"确认"按钮。

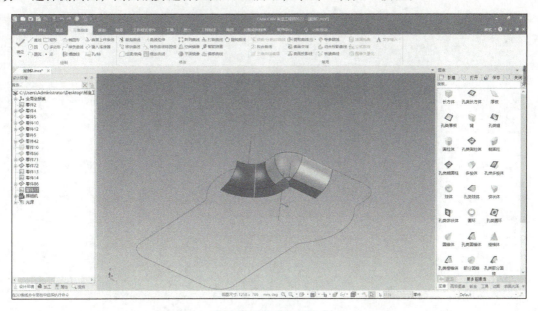

图4-47 生成裁剪线2

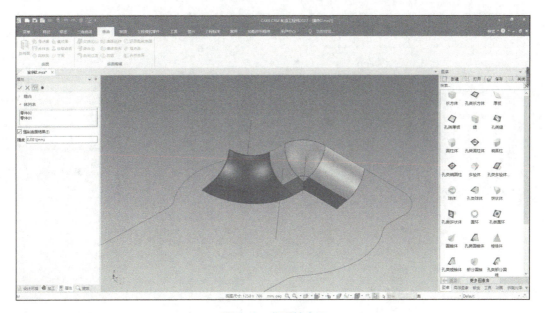

图4-48 曲面缝合2

31)同理,单击"三维曲线"功能区中的"直线" ∕图标按钮,在"属性"立即菜单中选择"两点直线""单个""正交""点模式",单击"属性"立即菜单"点拾取工具"中的"中心点",拾取和曲面相邻的圆弧;沿 Z 轴方向拖动鼠标,然后按<Enter>键输入直线长度,得到一条中心线 c,结果如图4-50所示。

32)单击"旋转面" 图标按钮,在"属性"立即菜单中输入"起始角度0""终止角度90",状态栏提示"请选择旋转轴",拾取直线 c,选择向上的箭头方向;状态栏提示"拾取母线",拾取步骤30)裁剪曲面的侧边,单击右键确认,生成旋转面。同理生成下方的旋转曲面。

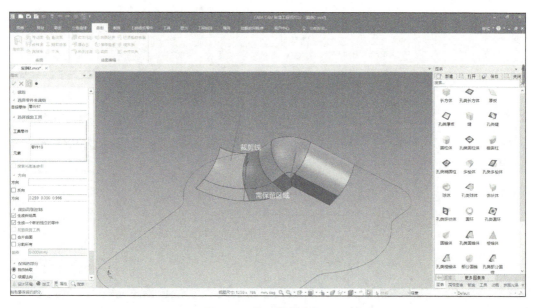

图 4-49　曲面裁剪选择 2

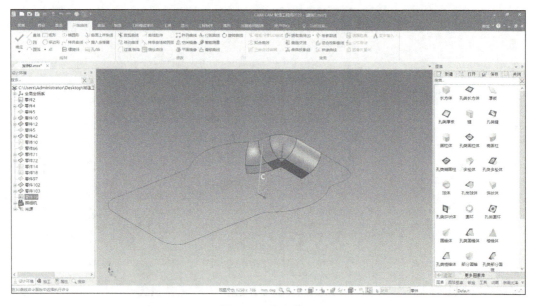

图 4-50　中心线 c

33)同前面运用裁剪线方法,单击"三维曲线"功能区中的"直线" 图标按钮,在"属性"立即菜单中选择"两点直线""单条""非正交",选择 $R10.3$ 圆弧端点及下面圆弧的中点,生成裁剪线。先缝合曲面,再运用曲面裁剪功能对曲面进行裁剪。结果如图 4-51 所示。

34)单击"三维曲线"功能区中的"直线" 图标按钮,在"属性"立即菜单中选择"两点线""单个""正交""点方式",单击"属性"立即菜单"点拾取工具"中的"中心点",拾取和曲面相邻的圆弧;沿 Z 轴方向拖动鼠标,然后按<Enter>键输入直线长度,得到一条中心线 d,结果如图 4-52 所示。

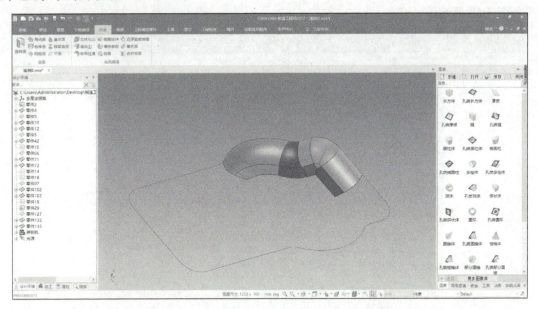

图 4-51 曲面裁剪 2

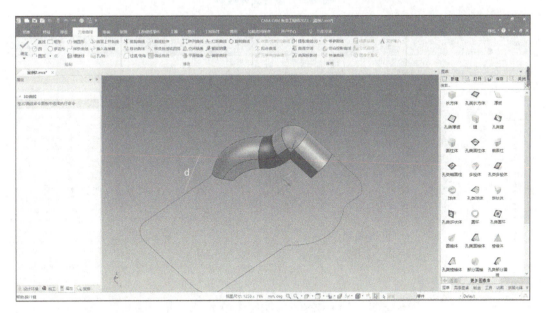

图 4-52 中心线 d

35)同前面运用的旋转曲面并裁剪的方法,绘制结果如图 4-53 所示。

36)单击"三维曲线"功能区中的"直线"图标按钮,在"属性"立即菜单中选择"两点线""单个""正交""点方式",捕捉两侧长度为 58.5 线段的中点,绘制一条镜像轴线。

37)按<F9>键,将构图平面切换为 XOY 平面,继续用"直线"命令绘制直线,捕捉步骤 36)绘制的镜像轴线的中点,绘制垂直于镜像轴线的一条直线。

38)按住<Shift>键,单击选择需要镜像的曲面,按<F10>键调用三维球。单击空格键解锁三维球,将三维球移动到步骤37)绘制的镜像轴线与垂直线的交点,单击空格键锁定三维球。在三维球内短手柄上选择需要镜像的方向,单击右键,在快捷菜单中选择"镜像"→"拷贝"。结果如图4-54所示。

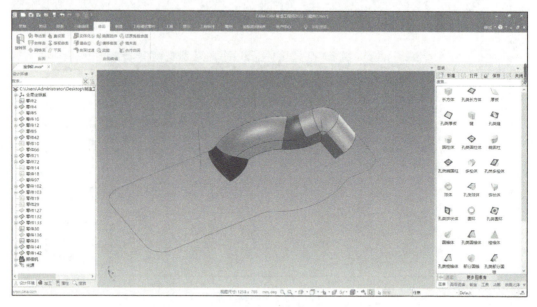

图4-53 旋转面并裁剪

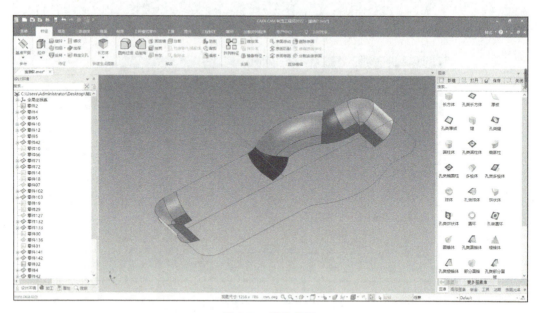

图4-54 镜像曲面

39)利用"直纹面" 工具,选择"曲线+曲线"方式,生成中间部分两个曲面,结果如图4-55所示。

2. 盖板右侧面

按住<Shift>键,单击选择需要镜像的曲面,按<F10>键调用三维球,单击空格键解锁三维球,将三维球移动到步骤37)绘制的镜像线与垂直线的交点,单击空格键锁定三维球。在三维球内短手柄上选择需要镜像的方向,单击右键,在快捷菜单中选择"镜像"→"拷贝"。结果如图 4-56 所示。

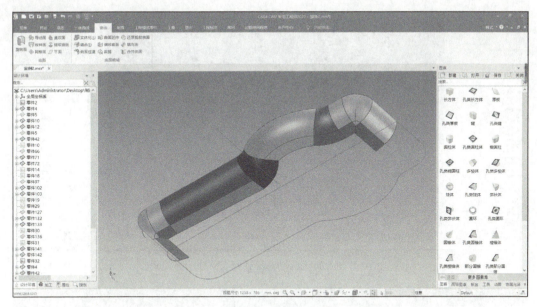

图 4-55　直纹面

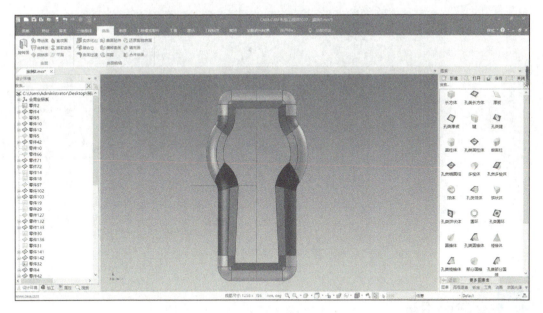

图 4-56　镜像

3. 盖板底面

1)单击"草图"菜单,通过"二维草图"→"三点平面"的方式定义草图基准面与底部边界线共面,单击"投影" 图标按钮,拾取刚生成的封闭曲面底部边界线,结果如图 4-57 所示。

2)单击"曲面编辑"工具栏"填充面" 图标按钮,依次拾取步骤 1)投影的底面边界线,单击右键确认。结果如图 4-58 所示。

机械 CAD/CAM

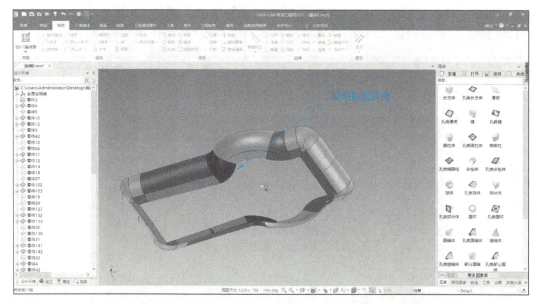

图 4-57　选择边界线

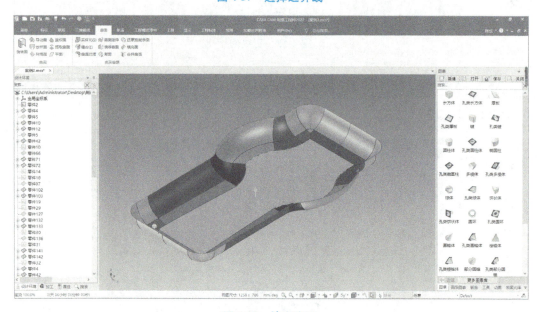

图 4-58　填充底面

4.3　马鞍面设计

 任务描述

完成如图 4-59 所示马鞍形的曲面造型。

4-3
马鞍面造型

 **任务分析**

马鞍面是一种常见的复合曲面，由图 4-59 可知，本任务将运用网格面、缝合等曲面造型

方法进行马鞍形曲面造型。

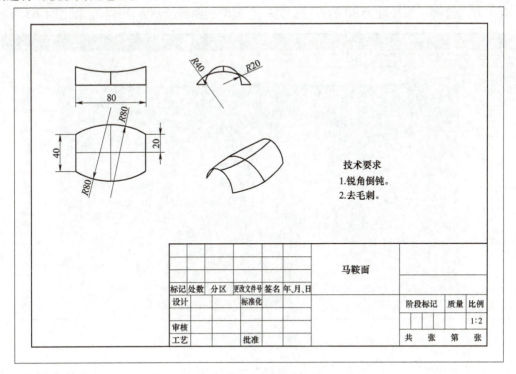

图 4-59 马鞍面

马鞍面造型主要步骤及所使用的造型方法见表 4-3。

表 4-3 马鞍面造型步骤

步骤	设计内容	设计结果图例	主要设计方法
1	马鞍面外轮廓线		圆弧、打断曲线
2	马鞍曲面		网格面、缝合

任务实施

1. 马鞍面外轮廓线

1) 单击"三维曲线"菜单,选择"三维曲线",进入绘图界面。

2) 按<F2>键切换到 XY 平面进行绘制。选择"直线"命令,设置为"两点直线""正交"

"长度模式";以 XY 原点为起点沿 Y 轴绘制一条长度为 20 的直线,再以这条直线的终点为起始点沿 X 方向绘制一条长度为 80 的直线;另一个方向的曲线绘制方法相同。如图 4-60 所示。

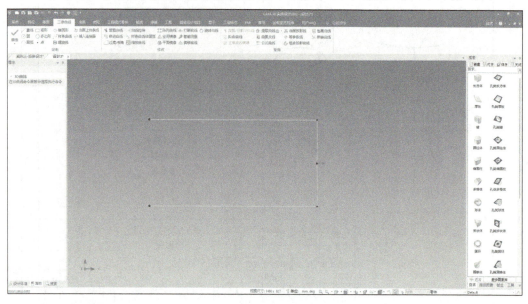

图 4-60　绘制辅助线

3)单击"圆弧"按钮,选择"两点+半径"方式;选择一条长度为 80 的直线两端点为圆弧上的两点,按<Enter>键,输入半径值"80",再按<Enter>键即可完成圆弧绘制。另一个方向的曲线绘制方法相同。圆弧绘制完成后删除所有直线。

4)按<F4>键切换到 YZ 平面。单击"圆弧"按钮,选择"两点+半径"方式;选择两条圆弧左端的端点为圆弧上两点,按<Enter>键,输入半径值"20",再按<Enter>键即可完成圆弧绘制。中间和右端圆弧绘制方法相同,分别输入半径值 40 和 20;如图 4-61 所示。

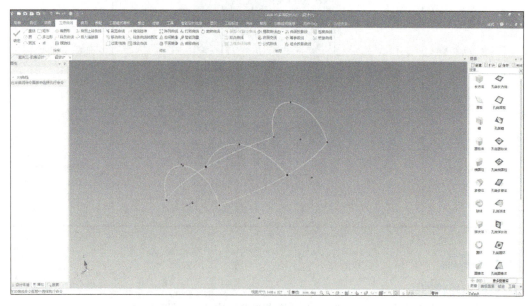

图 4-61　绘制圆弧

5）单击"打断曲线"按钮，选择需要打断的曲线，再单击打断点；如图4-62所示，圈中的点都需要打断。

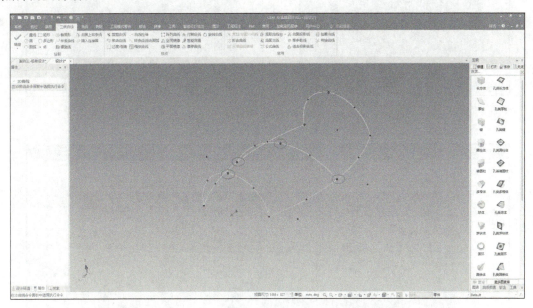

图 4-62 打断点

6）按<F3>键切换到 XZ 平面，单击"圆弧"按钮，选择"三点圆弧"方式；第一点选择左端点，第二点选择右端点，第三点选择中间点；对这条圆弧做打断操作，打断点为中间点；单击"确定"按钮完成三维曲线绘制。如图 4-63 所示。

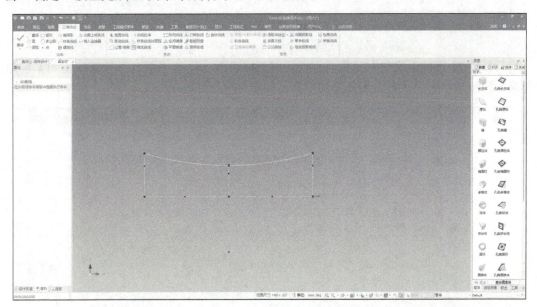

图 4-63 马鞍面外轮廓线

2. 马鞍曲面

1）选择"曲面"功能区中的"网格面"，如图 4-64a 所示，选择"U 曲线"；如图 4-64b 所示，选择"V 曲线"。单击"确定"按钮，得到如图 4-65 所示结果。

图 4-64　U 曲线和 V 曲线

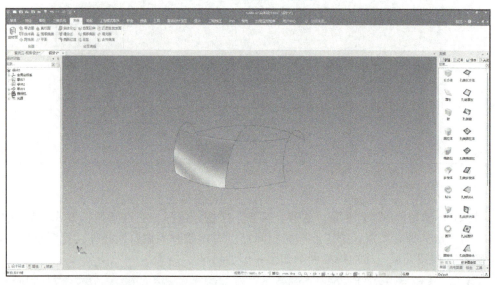

图 4-65　网格面

2）另外三个网格面绘制方法相同，得到四张网格面，单击"缝合"按钮，将四张网格面缝合成一张面，单击"确定"按钮完成绘图。如图 4-66 所示。

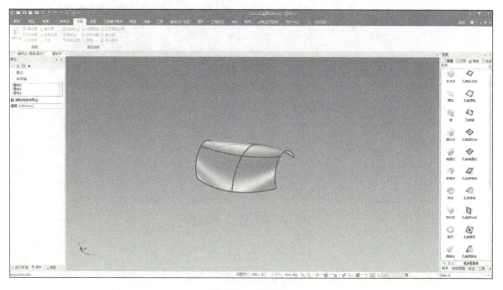

图 4-66　马鞍面

4.4 鼠标设计

任务描述

完成如图 4-67 所示鼠标的曲面造型。

4-4 鼠标造型

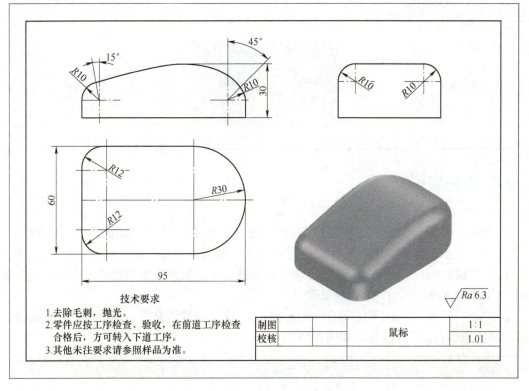

图 4-67 鼠标

任务分析

鼠标是计算机的常用操作工具，其外形多为长方形，表面为一圆滑的曲面。由图 4-67 可知，本任务将运用样条线、扫描面、曲面裁剪、曲面延伸等曲面造型方法进行鼠标造型。

鼠标造型主要步骤及所使用的造型方法见表 4-4。

表 4-4 鼠标造型步骤

步骤	设计内容	设计结果图例	主要设计方法
1	鼠标外形		草图、拉伸等

(续)

步骤	设计内容	设计结果图例	主要设计方法
2	鼠标顶部		草图、样条曲线、拉伸、曲面延伸、特征裁剪等
3	鼠标侧面		倒圆角

任务实施

1. 鼠标外形

1) 单击"草图"菜单,选择绘图基准面"在 X-Y 基准面",确定绘制草图的基准面。

2) 单击绘图工具中"中心矩形"  图标按钮,选择坐标原点为矩形中心点,在"属性"立即菜单中选择"长度""宽度"方式,按<Tab>键切换"属性"立即菜单中选项,长度输入 95mm,宽度输入 60mm,按<Enter>键确定。

3) 单击"三切点"图标按钮,分别拾取上、下及右侧边界线,在矩形右侧生成内切半圆弧,单击鼠标右键结束操作。如图 4-68 所示。

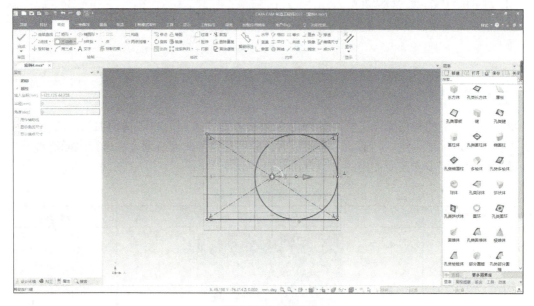

图 4-68 三点圆弧

4)单击"曲线裁剪" 图标按钮,选择需要裁剪的线条,单击右键确认。

5)单击"圆角过渡" 图标按钮,在"属性"立即菜单中选择"锁定半径",再输入倒角半径"12",分别对左侧上下两个角进行倒圆角。单击"完成"按钮完成草图。如图 4-69 所示。

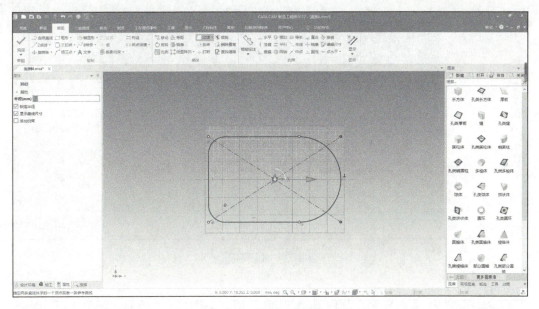

图 4-69 圆角过渡

6)按<F8>键切换显示轴测图,单击"拉伸" 图标按钮,在弹出的对话框中选择"新生成一个独立的零件",单击拾取草图,输入高度 35(>30 即可),在"属性"立即菜单中选择"增料",生成实体。

2. 鼠标顶部

1)按<F7>键切换到 *XOZ* 绘图视图,选择"草图"命令,选择绘图基准面为"在 Z-X 基准面"。使用投影或两点线的方式生成如图 4-70 所示线段。

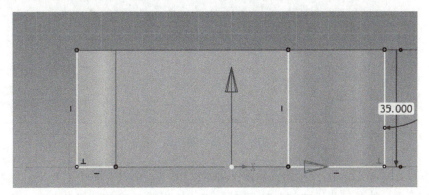

图 4-70 辅助线投影

然后单击"等距" 图标按钮,在"属性"立即菜单中输入"距离"为 10/30,"拷贝数目"为 1,选择需要偏移的线段。经裁剪后的辅助线如图 4-71 所示。

2)单击"圆心+半径" 图标按钮,根据提示分别选择 P1、P2 两个圆心点,按<Tab>键切换到"属性"立即菜单，输入半径10，按<Enter>键确认。如图4-72所示。

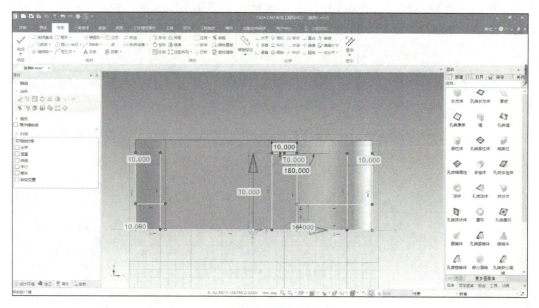

图 4-71　曲线偏移

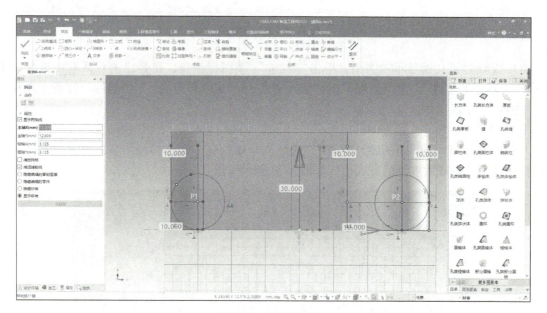

图 4-72　绘制辅助圆

3）单击"B样条"图标按钮，依次选择A、B、C、D点，单击右键确认。生成样条曲线如图4-73所示。单击"曲线裁剪"图标按钮，选择需要裁剪的线条，单击右键确认，如图4-74所示。

4）单击"拉伸"图标按钮，在"属性"立即菜单中选择"新生成一个独立的零件""增料""生成曲面"，单击"确定"按钮，生成偏向一侧的一张曲面。单击"曲面延伸"图标按钮，延伸值为40（超出拉伸实体侧面即可），得到如图4-75所示曲面。

项目 4 曲面造型

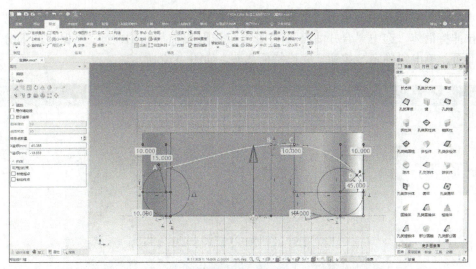

图 4-73 绘制样条曲线

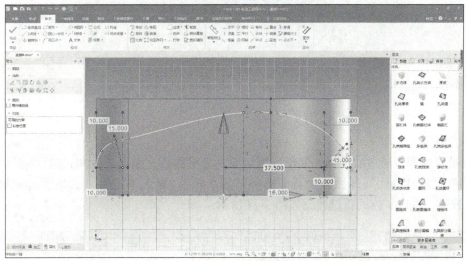

图 4-74 曲线裁剪

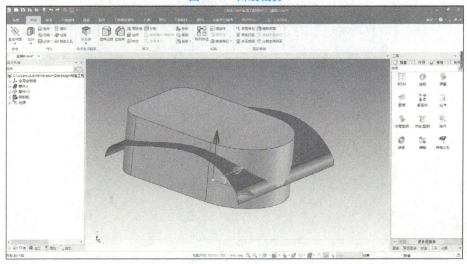

图 4-75 延伸曲面

在"特征"功能区中,单击"裁剪" 图标按钮,在"属性"立即菜单中选择"目标零件"为拉伸特征体,选中"合并曲面","图素"选取扫描得到的曲面,"保留的部分"选择特征体下面,单击"确定"按钮,完成特征裁剪,如图4-76所示。

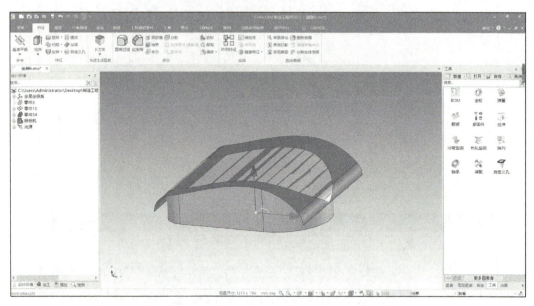

图 4-76　曲面裁剪实体

3. 鼠标侧面

单击拾取曲面,通过右键操作隐藏选择对象,隐藏曲面。单击"圆角过渡" 图标按钮,在立即菜单"过渡特征"属性定义页面选择"等半径",输入半径为10,取顶部曲面,单击"确定"按钮,生成实体圆弧过渡,如图4-77所示。

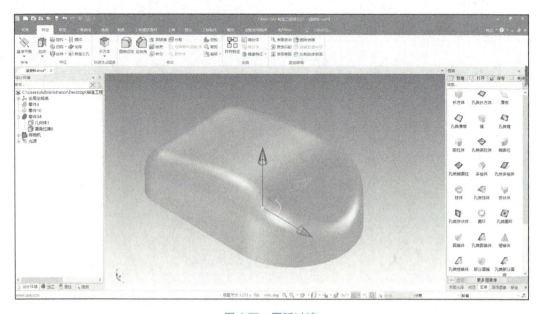

图 4-77　圆弧过渡

【拓展训练】

完成如图 4-78 所示零件的曲面造型。

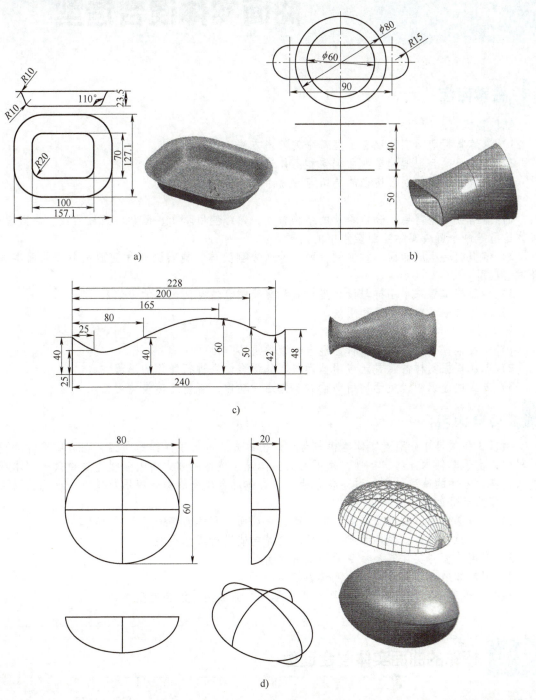

图 4-78 拓展训练

项目 5　曲面实体混合造型

知识目标：
1）熟练掌握曲面实体混合造型命令的使用方法。
2）能够正确合理地选择曲面编辑和实体造型的方法。
3）理解曲面实体混合造型的思路与注意事项。

能力目标：
1）能结合造型需要，分析零件的结构特点，熟练使用草图、图素、三维曲线、曲面编辑、实体造型等命令解决实际绘图操作中的问题。
2）掌握旋转生成曲面、拉伸到曲面、曲面分割实体、旋转除料和曲面裁剪等曲面实体混合造型应用。
3）能熟练掌握基于图样与设计坐标系计算绘制点位空间坐标的方法。
4）掌握布尔运算的类型和用法。

素养目标：
1）形成根据图样能快速分析出混合造型的思路。
2）养成根据图样信息灵活应用曲面与实体混合命令进行操作的思维方式。
3）养成快速识图、灵活运用曲面和实体造型功能，规范化建模的习惯。

项目3和项目4分别对实体建模与曲面建模的方法进行了详细的介绍。在有些零件的设计过程中，由于零件本身结构特性，采用曲面实体混合造型的方式将大大提高建模效率。本项目将通过实际零件的造型过程，讲述各种曲面与实体混合命令的综合应用及操作。进行曲面实体混合造型的步骤如下。
1）根据零件图，利用旋转面、导动面、直纹面、网格面等进行曲面造型。
2）通过拉伸增料、拉伸除料、旋转增料等功能进行实体造型。
3）利用曲面与实体混合命令曲面裁剪除料。
4）对实体进行圆角过渡、边倒角等编辑。
根据上述思路，按照案例任务要求完成零件的曲面实体混合造型操作。

5.1　槽轮的曲面实体混合造型

完成如图5-1所示槽轮的曲面实体混合造型。

5-1
槽轮造型

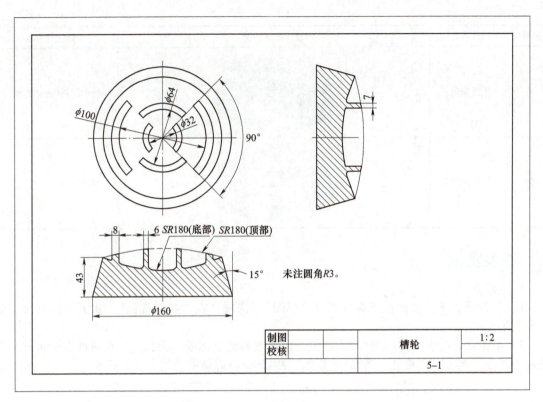

图 5-1 槽轮零件图

任务分析

槽轮造型主要步骤及所使用的造型方法见表 5-1。

表 5-1 槽轮造型步骤

步骤	设计内容	设计结果图例	主要设计方法
1	生成底盘		旋转增料
2	生成顶面		旋转曲面
3	绘制槽齿草图		曲线绘制

(续)

步骤	设计内容	设计结果图例	主要设计方法
4	生成槽齿		拉伸增料/拉伸到面
5	槽齿底部圆角		过渡

任务实施

1. 生成底盘

1）工程模式下，左键选择菜单栏中"草图"，选择"在 Y-Z 基准面"，进入草图环境，如图 5-2 所示。

2）单击"2 点线" 图标按钮，以草图环境坐标零点为起点，在属性定义页面分别输入"长度"为 80，"角度"为 90 的直线，按<Enter>键结束。如图 5-3 所示。

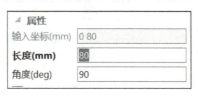

图 5-2　进入草图环境　　　　　　图 5-3　绘制直线

3）单击"2 点线" 图标按钮，以草图环境坐标"0，80"为起点，在属性定义页面设置"角度"为 15，创建任意长度的直线，按<Enter>键结束。

4）单击"约束"工具栏中"智能标注" 图标按钮，左键选中步骤 3）创建的直线，在"参数编辑"对话框中"高度"设置为 43，通过尺寸标注约束直线长度，单击"确定"按钮。如图 5-4 所示。调整后发现直线角度出现变化，再次通过智能标注约束直线与 X 轴夹角为 15°，如图 5-5 所示。

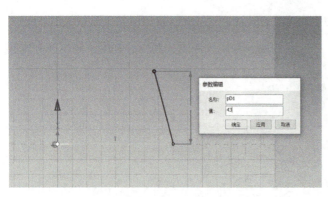

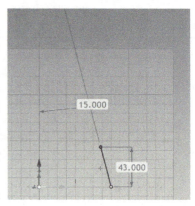

图 5-4　智能标注　　　　　　　　图 5-5　角度约束

5）单击"镜像" 镜像 图标按钮，选择实体时单击选中长度 43 的直线，切换到"选取镜像轴"，选择 Z 轴为镜像轴，单击"确定"按钮 ，创建出绘制 SR180 圆弧的辅助线。如图 5-6 所示。

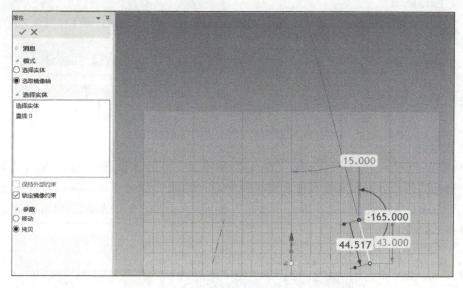

图 5-6 镜像

6）单击"两点+半径"图标按钮，分别以两条长度 43 直线上端点作为圆弧上两点，在属性定义页面输入半径为 180，滑动鼠标会切换显示出能够绘制出的两段圆弧，切换到要选取的圆弧，单击鼠标左键确定绘制。如图 5-7 所示。

7）单击"2 点线" 2点线 图标按钮，以草图环境坐标零点为起点，圆弧 SR180 中心点为终点绘制直线，单击左键结束。单击"裁剪" 裁剪 按钮，裁剪掉 X 轴左侧 SR180 圆弧，并删除左边长度为 43 的直线，结果如图 5-8 所示。

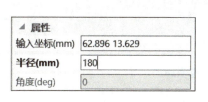

图 5-7 用"两点+半径"方式绘制圆弧

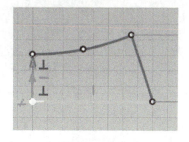

图 5-8 裁剪

8）单击"旋转轴" 旋转轴 图标按钮，定义与 X 轴重合的直线为旋转轴，单击"完成"按钮，完成草图绘制。

9）单击菜单栏"特征"，单击"旋转" 旋转 图标按钮，选中"属性"立即菜单"选项"下的"新生成一个独立的零件"，如图 5-9 所示。属性定义页面单击选择上文绘制的草图，如图 5-10 所示。单击"确定"按钮 ，完成旋转增料。如图 5-11 所示。

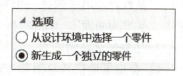

图 5-9 新生成独立的零件

图 5-10　选择截面

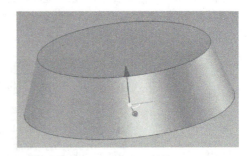

图 5-11　旋转增料

2. 生成顶面

1）单击菜单栏"草图",选择"在 Y-Z 基准面",进入草图环境。单击"用三点" 图标按钮,分别以实体零件上边线两个点作为圆弧的两点,第三点位于 X 轴上,在属性定义页面中输入半径为 180,单击"确定"按钮。如图 5-12 所示。然后以 Z 轴为分界线裁剪掉一半圆弧。

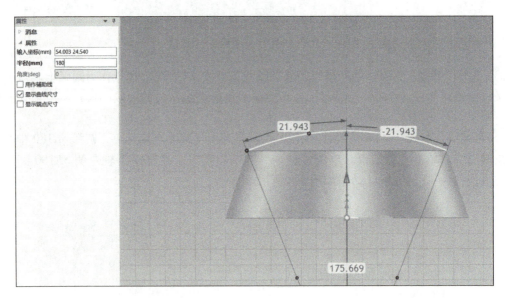

图 5-12　草图绘制

2）单击"旋转轴" 图标按钮,定义与 Z 轴重合的线为旋转轴,单击"完成"按钮,完成草图绘制。

3）单击菜单栏"特征",选择"旋转" 图标按钮,选中"属性"立即菜单"选项"下的"从设计环境中选择一个零件"。选择生成的底盘实体,轮廓选择步骤2）绘制的草图,选中"生成为曲面"。单击"确定"按钮，完成旋转曲面生成。如图 5-13 所示。

3. 绘制槽齿草图

1）单击菜单栏"草图",选择"在 X-Y 基准面",进入草图环境。

单击"圆心+半径" 图标按钮,以草图环境坐标零点为圆心,分别生成 ϕ116、ϕ100、ϕ78、ϕ64、ϕ44、ϕ32 的圆,如图 5-14 所示。

图 5-13　生成曲面

2）单击"2 点线" 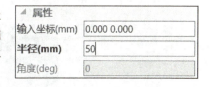 图标按钮，以草图环境坐标零点为起点，分别绘制 45°角度线和 –45°角度线，如图 5-15 所示。单击"裁剪" 图标按钮，按照图样要求裁剪后，单击"完成"按钮。如图 5-16 所示。

图 5-14　绘制圆

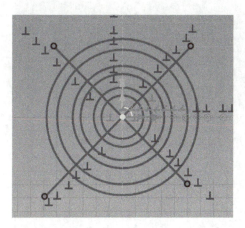

图 5-15　绘制角度线

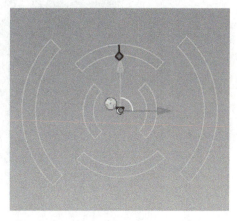

图 5-16　完成草图

4. 生成槽齿

单击菜单栏"特征"，单击"拉伸" 图标按钮，选中"属性"立即菜单"选项"下的"从设计环境中选择一个零件"。选择生成的底盘实体，属性定义页面单击选择已绘制的草图，"方向"选择"到面"，单击已绘制的旋转面，如图 5-17 所示。单击"确定"按钮 ，完成拉伸增料。

5. 槽齿底部圆角

单击菜单栏"特征"，单击"圆角过渡" 图标按钮，半径设置为 3，选择边线进行圆角过渡，如图 5-18 所示。单击"确定"按钮 ，完成圆角过渡。

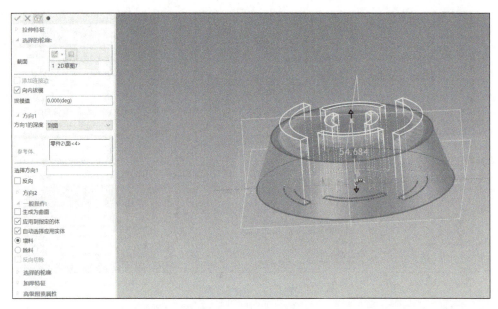

图 5-17　拉伸增料到面

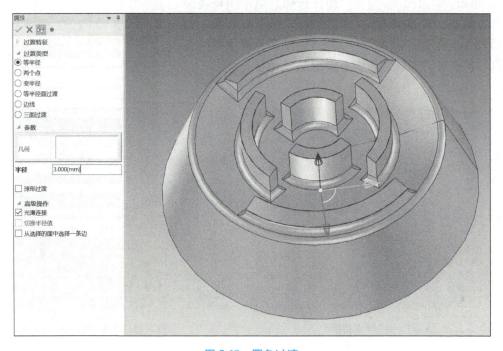

图 5-18　圆角过渡

5.2　文具架的曲面实体混合造型

**任务描述**

完成如图 5-19 所示的文具架的曲面实体混合造型。

项目 5 曲面实体混合造型

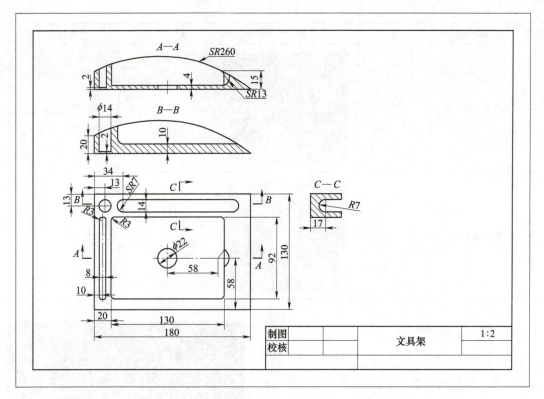

图 5-19 文具架零件图

任务分析

文具架造型主要步骤及所使用的造型方法见表 5-2。

表 5-2 文具架造型步骤

步骤	设计内容	设计结果图例	主要设计方法
1	生成曲面		直纹面
2	生成立方体		拉伸增料
3	分割实体		曲面分割

（续）

步骤	设计内容	设计结果图例	主要设计方法
4	生成拉伸特征		拉伸除料
5	生成曲面特征		旋转除料

任务实施

1. 生成曲面

1）进入创新模式进行零件创建。单击菜单栏"三维曲线"，单击"三维曲线"  图标按钮，进入三维曲线绘图环境。

2）若以图 5-20 所示位置确定建模坐标系（X-Y 平面位于零件 180×130 底面上），观察图样尺寸，可以得到 X-Z 平面剖切零件得到的圆弧左右两端点坐标为（-85，0，20）以及（95，0，0）。单击"圆弧" 图标按钮，按<Enter>键在属性定义页面中输入圆弧第一点 "-85，0，20"，

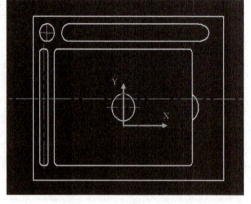

图 5-20　建模坐标系

按<Enter>键。按<Tab>键切换当前绘图平面为 X-Z 平面，如图 5-21 所示，按<Enter>键在属性定义页面中输入圆弧第二点 "95，0，0" 按<Enter>键。按<Enter>键在属性定义页面中输入圆弧半径为 "260"，按<Enter>键结束。绘制圆弧如图 5-22 所示。

图 5-21　切换绘图平面

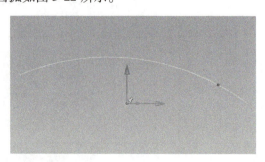

图 5-22　绘制圆弧

3）按<F10>键激活三维球工具。单击三维球 Y 轴方向的外控制手柄，按住鼠标左键拖动鼠标沿 Y 轴负方向移动，松开鼠标左键在属性定义页面中输入移动距离为 65。单击三维球 Y

轴方向的外控制手柄，按住鼠标右键拖动鼠标沿 Y 轴正方向移动，松开鼠标右键，在快捷菜单中选择"拷贝"。在"拷贝"对话框中"数量"输入 1，"距离"输入 130，单击"确定"按钮，按<F10>键，关闭三维球工具。单击"确定" ✓ 图标按钮，完成三维曲线绘制。

4）单击菜单栏"曲面"，单击"直纹面" 🔷 直纹面图标按钮，在属性定义页面中，"直纹面类型"选择"曲线-曲线"，如图 5-23 所示。单击鼠标左键分别拾取步骤 3）创建的两条曲线，单击"确定" ✓ 图标按钮，完成曲面绘制，如图 5-24 所示。

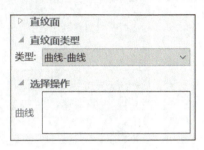
图 5-23　直纹面类型

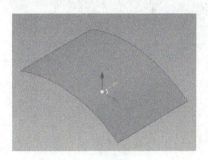
图 5-24　曲面绘制

2. 生成立方体

1）单击菜单栏"草图"，选择"在 X-Y 基准面"，进入草图环境。

2）单击"矩形" ▭ 图标按钮，以草图环境坐标"-85，-65"为起点，在属性定义页面中"长度"输入 180，"宽度"输入 130。按鼠标左键结束。单击"确定" ✓ 图标按钮，完成草图绘制。

3）单击菜单栏"特征"，单击"拉伸" 🗖 图标按钮，选中"属性"立即菜单"选项"下的"新生成一个独立的零件"。属性定义页面中鼠标左键拾取步骤 2）创建的草图，"方向 1 深度"设置为超过已绘制曲面最高位置的数值，这里输入 50。单击"确定"按钮 ✓，完成拉伸增料。

3. 分割实体

1）单击菜单栏"特征"，单击"分割" 🗖 分割图标按钮。在属性定义页面中"目标零件"选择上文创建的实体特征，"工具零件"选择上文生成的曲面，如图 5-25 所示。单击"确定"按钮 ✓，完成实体分割。

2）单击步骤 1）分割的实体特征上半部分，通过鼠标右键选择"压缩"，如图 5-26 所示。隐藏上半部分实体特征。

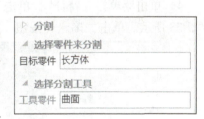
图 5-25　分割实体

4. 生成拉伸特征

1）单击菜单栏"草图"，选择"在 X-Y 基准面"，进入草图环境。单击"矩形" ▭ 图标按钮，以草图环境坐标系中的"-65，39"为起点，在属性定义页面中"长度"输入 130，"宽度"输入 92。按<F10>键激活三维球工具，单击三维球 Z 轴方向的外控制手柄，按住鼠标左键拖动鼠标沿 Z 轴正方向移动，松开鼠标左键在属性定义页面输入移动距离为"4"。如图 5-27 所示。按<F10>键，关闭三维球工具。单击"确定" ✓ 图标按钮，完成草图绘制。

2）单击菜单栏"特征"，单击"拉伸" 🗖 图标按钮，选中"属性"立即菜单"选项"下的"从设计环境中选择一个零件"，然后单击绘图区已有实体特征。属性定义页面中鼠标左键拾取步骤 1）创建的草图，"方向 1 深度"设置为 40，或其他足以去除上方部分的尺寸。选择"除料"方式。单击"确定"按钮 ✓，完成拉伸除料。

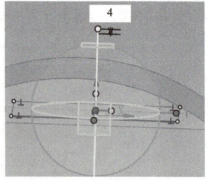

图 5-26　压缩　　　　　　　　　　　　　图 5-27　用三维球移动

3) 单击菜单栏"草图",选择"在 X-Y 基准面",进入草图环境。单击"矩形"图标按钮,以草图环境坐标系中的"-79,39"为起点,在属性定义页面中"长度"输入 8,"宽度"输入 92。单击"过渡"过渡图标按钮,输入半径 3,选中"锁定半径",依次完成四个尖角圆弧过渡。单击"圆心+半径"圆心+半径图标按钮,圆心输入"-72,52",半径输入 7,按<Enter>键结束。按<F10>键激活三维球工具,单击三维球 Z 轴方向的外控制手柄,按住鼠标左键拖动鼠标沿 Z 轴正方向移动,松开鼠标左键在属性定义页面输入移动距离为 2。按<F10>键关闭三维球工具。单击"确定"图标按钮,完成草图绘制。

4) 单击菜单栏"特征",单击"拉伸"图标按钮,参照矩形除料方法进行除料设置,如图 5-28 所示。单击"确定"按钮,完成拉伸除料。

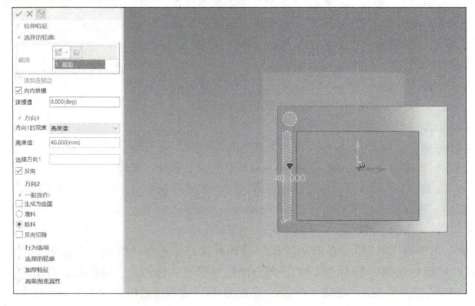

图 5-28　拉伸除料 1

5)单击菜单栏"草图",选择"在 X-Y 基准面",进入草图环境。单击"矩形"图标按钮,以草图环境坐标系中的"-51,59"为起点,在属性定义页面中"长度"输入 146(长度足够长即可),"宽度"输入 14,按左键结束。单击"圆心+半径"图标按钮,圆心输入"-51,52",半径输入 7,按<Enter>键结束。单击"裁剪"图标按钮,裁掉多余的圆弧和直线。按<F10>键激活三维球工具,单击三维球 Z 轴方向的外控制手柄,按住鼠标左键拖动鼠标沿 Z 轴正方向移动,松开鼠标左键在定义页面输入移动距离为"17"。按<F10>键关闭三维球工具。如图 5-29 所示。单击"确定"图标按钮,完成草图绘制。

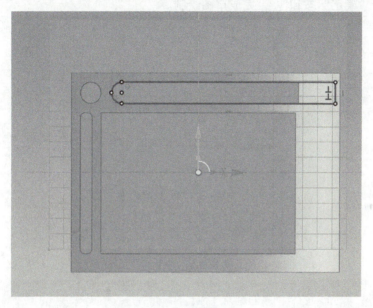

图 5-29　草图绘制 1

6)单击菜单栏"特征",单击"拉伸"图标按钮,参照矩形除料方法进行除料设置,完成拉伸除料。如图 5-30 所示。

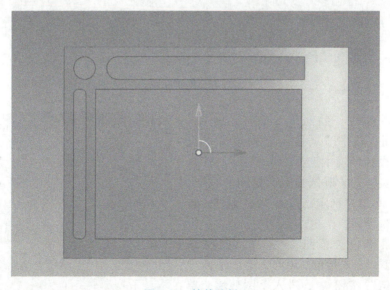

图 5-30　拉伸除料 2

5. 生成曲面特征

1) 单击菜单栏"草图",选择"二维草图",选择"点"方式拾取上一操作步骤 R7 圆弧中心,如图 5-31 所示,单击"确定" 图标按钮,进入草图环境。单击"投影约束" 图标按钮,单击拾取 R7 实体边界生成草图;单击"2 点线" 图标按钮,以 R7 圆弧一端点和中点为起点,分别绘制两条水平的直线,长度超出当前视图中零件右侧边缘即可,两条直线右侧端点用"2 点线"命令封闭缺口。单击"裁剪" 图标按钮,裁掉多余的圆弧,得到如图 5-32 所示封闭图形。单击"旋转轴" 图标按钮,选择草图的 X 轴为旋转轴,单击"确定"按钮 ,完成草图绘制。

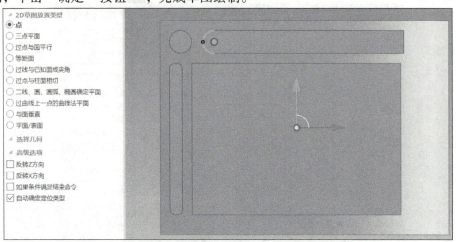

图 5-31 二维草图

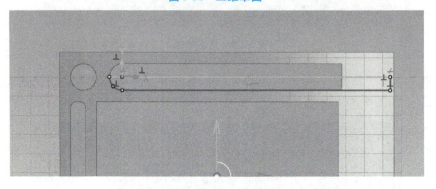

图 5-32 裁剪草图

2) 单击菜单栏"特征",单击"旋转" 图标按钮,选中"属性"立即菜单"选项"下的"从设计环境中选择一个零件"。选择绘图区创建的实体,轮廓选择上文绘制的草图,选中"除料"。单击"确定"按钮 ,生成旋转曲面。如图 5-33 所示。

3) 单击菜单栏"草图",选择"二维草图",选择"点"方式拾取 130×92 矩形平面中心,单击"确定"按钮 ,进入草图环境。单击"圆心+半径" 图标按钮,圆心输入

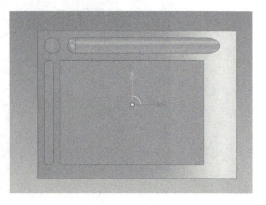

图 5-33 旋转除料 1

"58，0"，半径输入 13，按 <Enter> 键结束。按 <F10> 键激活三维球工具，左键拾取 Z 轴方向长半轴，将圆沿正方向移动 11，按 <F10> 键关闭三维球工具。单击"2 点线" 图标按钮，以"65，46"为起点，以"65，-46"为终点绘制直线；以"65，0"为起点，以"71，0"为终点绘制直线，如图 5-34 所示。单击"裁剪" 图标按钮，裁掉多余的圆弧。单击"旋转轴" 图标按钮，选择草图的 X 轴为旋转轴，单击"确定"按钮 ，完成草图绘制。

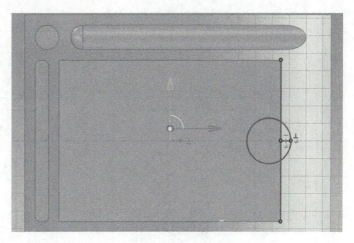

图 5-34　草图绘制 2

4）单击菜单栏"特征"，单击"旋转" 图标按钮，选中"属性"立即菜单"选项"下的"从设计环境中选择一个零件"。选择绘图区创建的实体，轮廓选择上文绘制的草图，选中"除料"。单击"确定"按钮 ，生成旋转曲面。如图 5-35 所示。

5）在设计元素库的"图素"列表中选择"孔类圆柱体"，按住鼠标左键拖动到 130×92 矩形平面中心松开鼠标，通过编辑"包围盒"命令设置孔直径为 22。如图 5-36 所示。

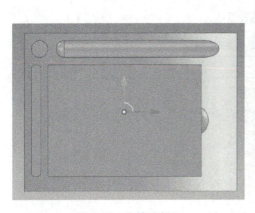

图 5-35　旋转除料 2

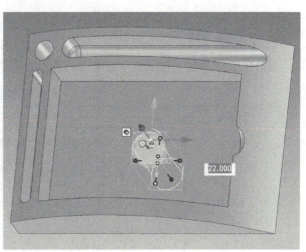

图 5-36　包围盒尺寸编辑

5.3　五角星圆盘的曲面实体混合造型

 **任务描述**

完成如图 5-37 所示的五角星圆盘的曲面实体混合造型。

5-3
五角星圆盘造型

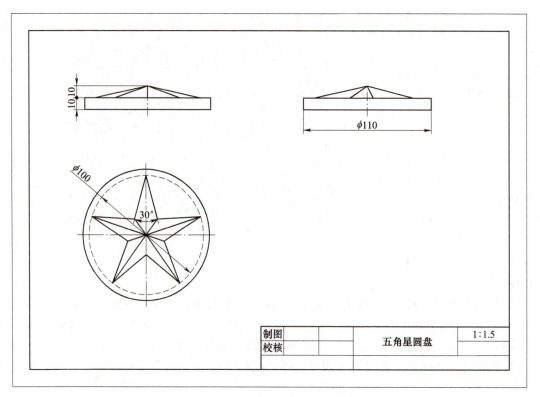

图 5-37　五角星圆盘零件图

 任务分析

五角星圆盘造型主要步骤及所使用的造型方法见表 5-3。

表 5-3　五角星圆盘造型步骤

步骤	设计内容	设计结果图例	主要设计方法
1	生成曲线		三维曲线
2	生成曲面		直纹面

（续）

步骤	设计内容	设计结果图例	主要设计方法
3	曲面合并	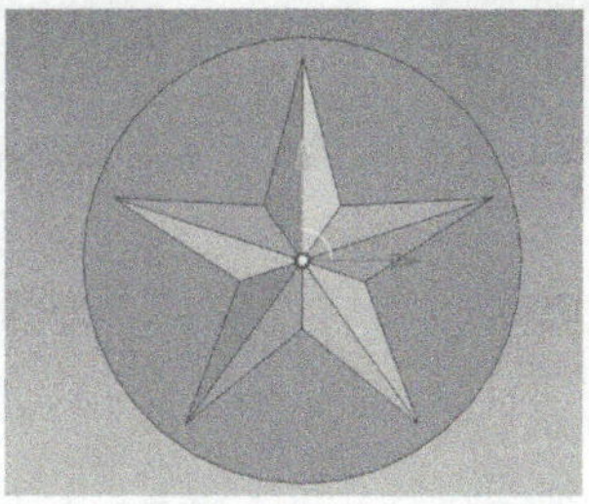	布尔运算
4	圆柱生成	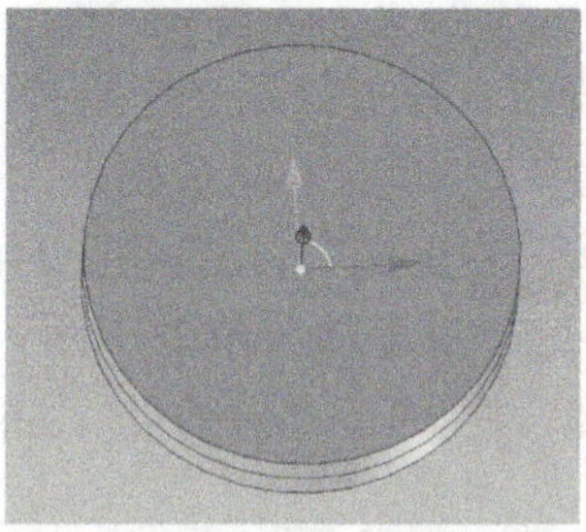	图素
5	五角星生成	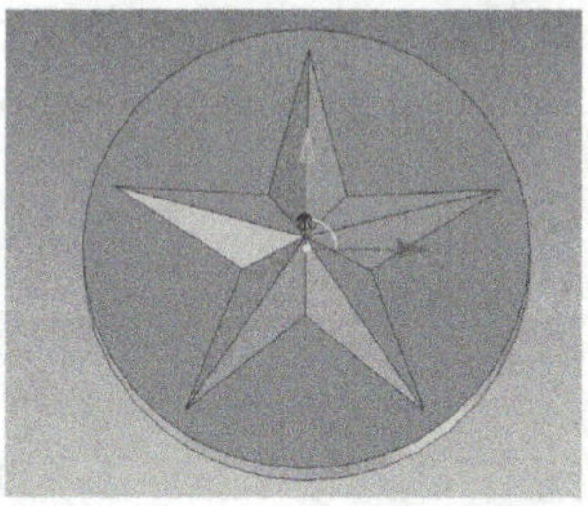	曲面分割

 任务实施

1. 生成曲线

1）单击菜单栏"三维曲线",单击"三维曲线"图标按钮,进入三维曲线绘图环境。

2）单击"圆"图标按钮,在 X-Y 平面上单击坐标系原点,按<Enter>键在对话框中输入半径 50,按<Enter>键结束。

3）单击"直线"图标按钮,在下拉列表中选择"角度线",选择"Y 轴角度","角度"设置为 15°。按<Enter>键输入坐标点"0,50",按<Enter>键,拖动鼠标绘制任意长度角度线。"角度"设置为-15°,按<Enter>键,输入坐标点"0,50",按<Enter>键,拖动鼠标绘制任意长度角度线。角度线如图 5-38 所示。

4）单击"阵列"图标按钮,在下拉列表中选择"圆"阵列方式,"阵列方式"选择"相等","数量"为 5。左键拾取上文绘制的两条角度线,单击右键结束。左键拾取坐标系原点为阵列中心,单击"裁剪曲线"图标按钮,选择"快速裁剪",对多余的线进行裁剪。裁剪结果如图 5-39 所示。

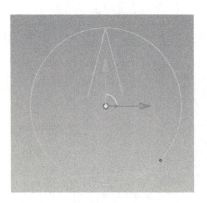
图 5-38 角度线绘制
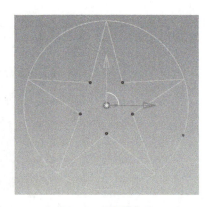
图 5-39 裁剪曲线

5) 单击 "直线" 直线图标按钮，在下拉列表中选择 "两点直线"，选择 "正交" 方式以及 "长度模式"，"长度" 设置为10。单击坐标系原点，按<Tab>键切换绘图平面，沿着 Z 轴方向绘制长度为10的直线。选择 "非正交" 方式，把五角星角点和长度10直线的端点依次连接起来。单击φ100的圆，按<Delete>键删除。单击 "圆" 圆图标按钮，单击坐标系原点，按<Enter>键，在对话框输入半径55，按<Enter>键结束。如图5-40所示。

2. 生成曲面

1) 单击菜单栏 "曲面"，单击 "直纹面" 直纹面图标按钮，在属性定义页面中直纹面类型选择 "曲线-曲线"。单击鼠标左键拾取五角星底面直线和相邻的两条空间直线，单击 "确定" 图标按钮，完成曲面生成。多次重复该步骤生成全部五角星空间直纹面。如图5-41所示。

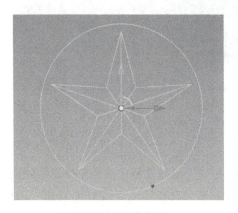
图 5-40 三维曲线

图 5-41 直纹面生成

2) 单击菜单栏 "曲面"，单击 "直纹面" 直纹面图标按钮，在属性定义页面中直纹面类型选择 "曲线-点"。单击鼠标左键拾取直径为110的圆和坐标系原点，单击 "确定" 图标按钮，完成曲面生成。如图5-42所示。单击菜单栏 "曲面"，单击 "裁剪" 裁剪图标按钮，"目标零件" 选择φ110的圆，"图素" 选择五角星底面曲线，如图5-43所示，单击 "确定" 图标按钮，完成曲面生成。

3. 曲面合并

单击菜单栏 "特征"，单击 "布尔" 布尔图标按钮，在属性定义页面中 "操作类型" 选择 "加"，如图5-44所示。鼠标左键依次拾取所有曲面。单击 "确定" 按钮，完成实体布尔运算，生成一个曲面。如图 5-45 所示。

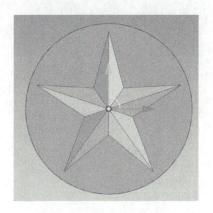

图 5-42　圆直纹面生成

图 5-43　圆直纹面裁剪

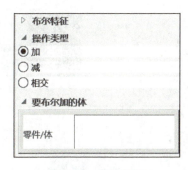

图 5-44　布尔特征

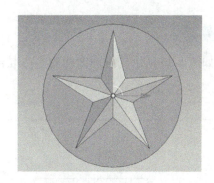

图 5-45　布尔加运算

4. 圆柱生成

1) 单击菜单栏"草图"，选择"在 X-Y 基准面"，进入草图环境。单击"圆心+半径" ⊙圆心+半径 按钮，以草图环境坐标系原点为中心，在属性定义页面中半径输入 55，按 <Enter>键结束。单击"确定"按钮 ✓，完成草图绘制。

2) 单击菜单栏"特征"，单击"拉伸" 图标按钮，选中"属性"立即菜单"选项"下的"新生成一个独立的零件"。在属性定义页面鼠标左键拾取步骤 1) 创建的草图，"方向 1 深度"设置为 10，"方向 2 深度"设置为 10。单击"确定"按钮 ✓，完成拉伸增料。如图 5-46 所示。

5. 五角星生成

1) 单击菜单栏"特征"，单击"分割" 分割图标按钮，在属性定义页面中"目标零件"选择上文创建的实体特征，"工具零件"选择布尔加运算生成的曲面，如图 5-47 所示。单击"确定"按钮 ✓，完成实体分割。

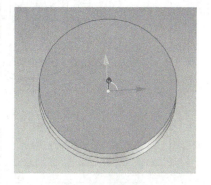

图 5-46　实体生成

2) 单击步骤 1) 分割的实体特征上半部分，单击右键，在快捷菜单中选择"压缩"，如图 5-48 所示。隐藏上半部分实体特征。

机械 CAD/CAM

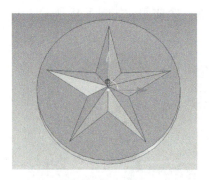

图 5-47　分割实体　　　　　　　图 5-48　实体压缩

5.4　椭圆曲面的实体混合造型

任务描述

完成如图 5-49 所示的椭圆曲面的实体混合造型。

5-4
椭圆曲面造型

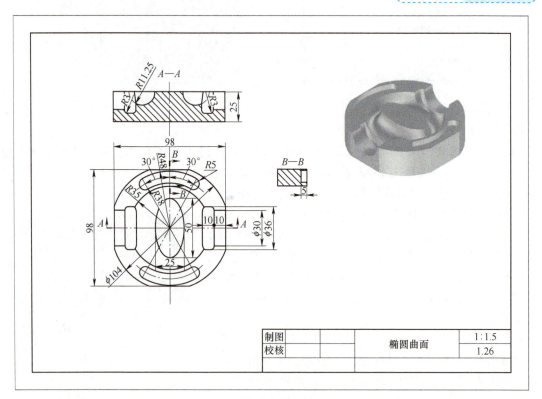

图 5-49　椭圆曲面零件图

任务分析

椭圆曲面造型主要步骤及所使用的造型方法见表 5-4。

表 5-4 椭圆曲面造型步骤

步骤	设计内容	设计结果图例	主要设计方法
1	生成实体	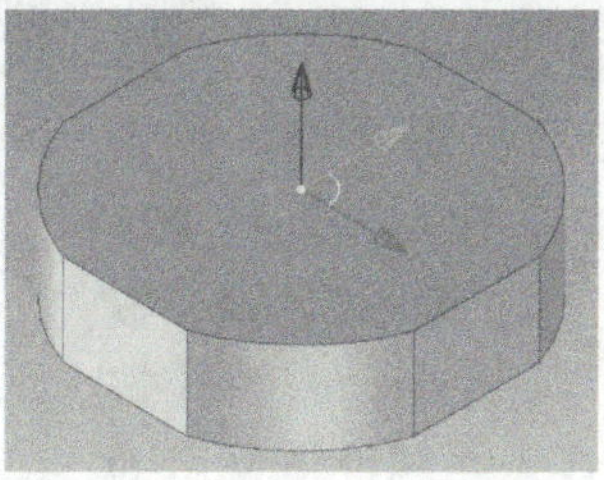	拉伸增料
2	生成曲面	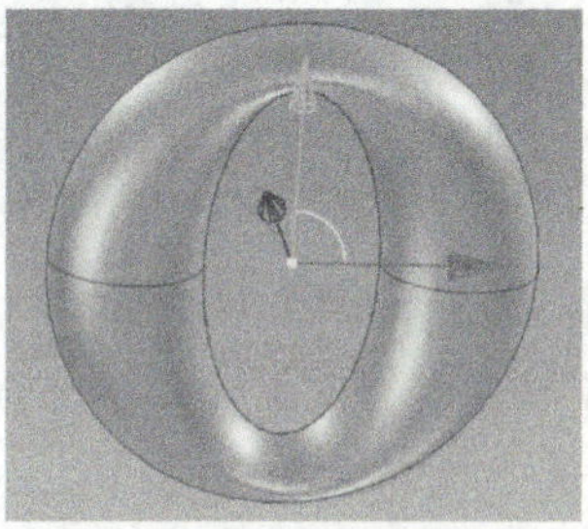	网格面
3	实体裁剪	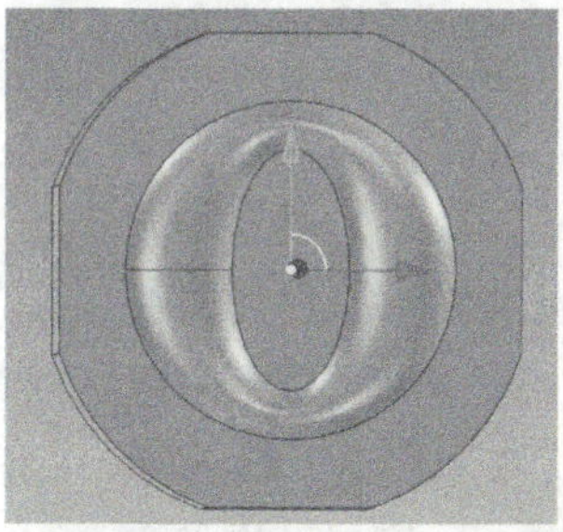	裁剪
4	生成腰槽	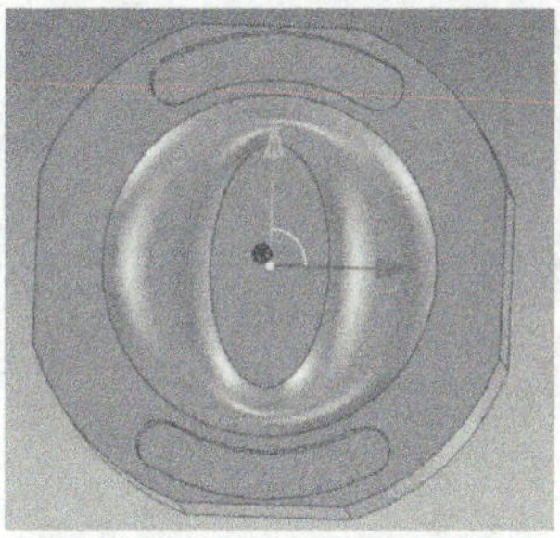	拉伸除料
5	生成侧面特征	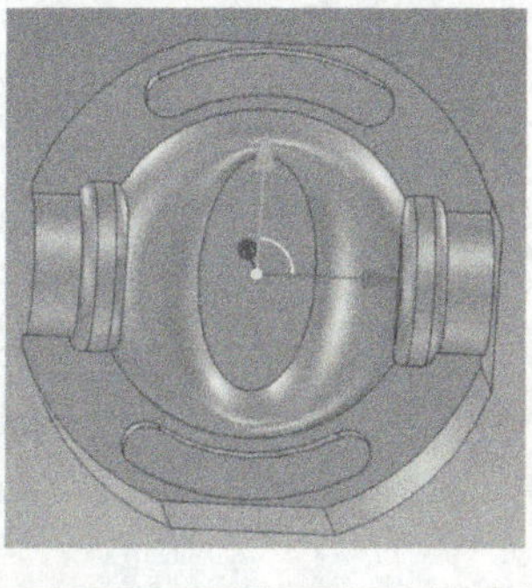	曲面分割

任务实施

1. 生成实体

1) 进入创新模式进行零件创建。单击菜单栏"草图",选择"在 X-Y 基准面",进入草图环境。单击"圆心+半径" ⊙ 圆心+半径 图标按钮,以草图环境坐标系原点为中心,在属性定义页面中输入半径 52,按 <Enter> 键结束。单击"中心矩形" 中心矩形 图标按钮,以草图环境坐标系原点为中心点,在属性定义页面中"长度"输入 98、"宽度"输入 98,按 <Enter> 键结束。单击"裁剪" 裁剪 图标按钮,裁掉多余的圆弧与线段,裁剪结果如图 5-50 所示。单击"确定"按钮 ✓,完成草图绘制。

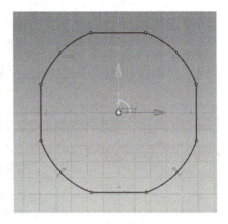

图 5-50 曲线裁剪

2) 单击菜单栏"特征",单击"拉伸" 图标按钮,选中"属性"立即菜单"选项"下的"新生成一个独立的零件"。在属性定义页面鼠标左键拾取步骤 1) 创建的草图,"方向 1 深度"设置为 25。单击"确定"按钮 ✓,完成拉伸增料。

2. 生成曲面

1) 左键选中生成的实体,单击右键,在快捷菜单中选择"压缩",单击鼠标左键,隐藏实体。单击菜单栏"草图",选择"在 X-Y 基准面",进入草图环境。单击"圆心+半径" ⊙ 圆心+半径 图标按钮,以草图环境坐标系原点为中心,在"属性"定义页面中输入半径 35,按 <Enter> 键结束。单击"椭圆形" 椭圆形 图标按钮,以草图环境坐标系原点为中心,在属性定义页面中"半径 1"输入 12.5,"半径 2"输入 25,"角度"输入 0,如图 5-51 所示。按 <Enter> 键结束。单击"确定"按钮 ✓,完成草图绘制。

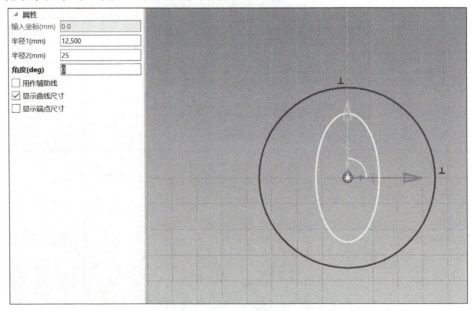

图 5-51 绘制椭圆

2) 单击菜单栏"草图",选择"在 Z-X 基准面",进入草图环境。单击"三点圆"图标按钮,生成第一个圆弧。第一点坐标输入"12.5,0"按<Enter>键,第二点坐标输入"35,0",按<Enter>键,半径输入 11.25,按<Enter>键结束。单击"三点圆"图标按钮,生成第二个圆弧。第一点坐标输入"-12.5,0",按<Enter>键,第二点坐标输入"-35,0",按<Enter>键,半径输入 11.25,按<Enter>键结束。如图 5-52 所示。单击"确定"按钮 ✓ ,完成草图绘制。

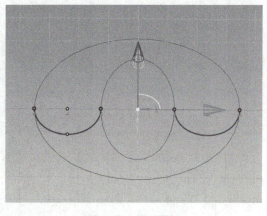

图 5-52 绘制圆弧

3) 单击菜单栏"曲面",单击"网格面" 网格面图标按钮,在属性定义页面中,"U 曲线"分别左键拾取草图 R35 的圆以及椭圆,"V 曲线"分别左键拾取两个草图 R11.25 的圆弧。如图 5-53 所示。单击"确定"按钮 ✓ ,生成曲面。

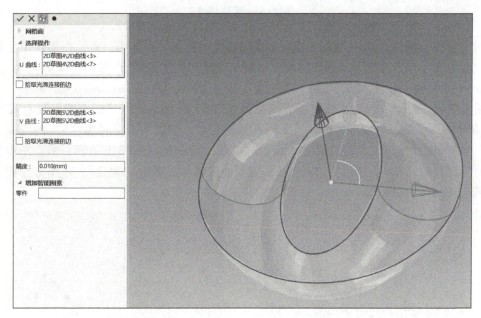

图 5-53 生成网格面

3. 实体裁剪

解压生成的实体,单击菜单栏"特征",单击"裁剪" 裁剪图标按钮,在属性定义页面中"目标零件"选择步骤 1(生成实体)创建的实体特征,"工具零件"选择步骤 2(生成曲面)生成的网格面,"保留的部分"选择步骤 1 实体的底面,如图 5-54 所示。单击"确定"按钮 ✓ ,完成实体裁剪。

4. 生成腰槽

1) 单击菜单栏"草图",选择"在 X-Y 基准面",进入草图环境。单击"圆心+半径" 圆心+半径图标按钮,以草图环境坐标系原点为中心,在属性定义页面中半径输入 48,按<Enter>键结束。以草图环境坐标系原点为中心,在属性定义页面中半径输入 38,按<Enter>键

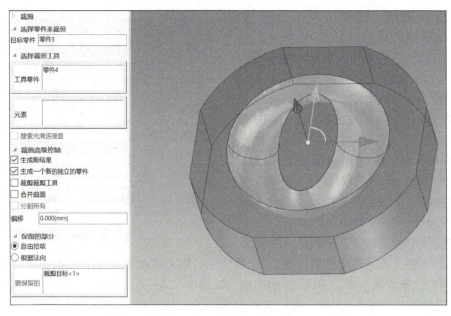

图 5-54 实体裁剪

结束。单击"2 点线" 2点线 图标按钮，以草图环境坐标系原点为第一点，在属性定义页面中"长度"输入 48，"角度"输入 -120°，按 <Enter> 键结束。以草图环境坐标系原点为第一点，在属性定义页面中"长度"输入 48，"角度"输入 120°，按 <Enter> 键结束。单击"裁剪" 裁剪 图标按钮，裁掉多余的圆弧，裁剪结果如图 5-55 所示。单击"三点圆"图标按钮，将 R48 和 R38 的圆弧端点分别定为圆弧的第一点和第二点，绘制两个半径为"5"的圆弧。单击"镜像" 镜像 图标按钮，左键拾取上文绘制的草图，拾取完成后单击鼠标右键。左键拾取 X 轴线为"镜像轴"，单击"确定"按钮 ✓，完成曲线镜像。单击"确定" ✓ 图标按钮，完成草图绘制。如图 5-56 所示。

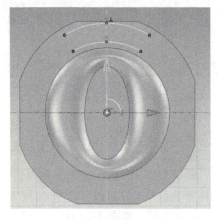

图 5-55 曲线裁剪

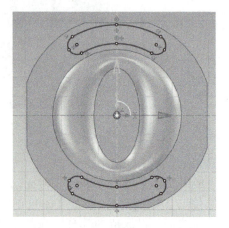

图 5-56 草图绘制

2) 单击菜单栏"特征"，单击"拉伸" 图标按钮，选中"属性"立即菜单"选项"下的"从设计环境中选择一个零件"。左键拾取上文绘制的实体特征。在属性定义页面中"截面"选择步骤 1) 创建的草图，"方向 1 深度"设置为 5，选中"除料"。单击"确定"按钮 ✓，完成拉伸除料。

5. 生成侧面特征

1）在设计元素库的"图素"列表中选择"孔类圆柱体",按住鼠标左键拖动到右侧边中心位置,即坐标点"49,0"位置松开鼠标。按<F10>键激活三维球工具,先用左键选取 Y 轴方向长轴,右键围绕该轴旋转拖动,松开鼠标,在弹出的快捷菜单中选择"移动",旋转 90°,按<F10>键关闭三维球。通过"编辑包围盒"命令设置孔直径为 30,长度为 10。按<F10>键激活三维球工具,先用左键选取 X 轴方向长轴,右键向 X 轴负方向移动,拷贝距离为 10,按<F10>键激活三维球工具。鼠标移动到拷贝的孔类圆柱体位置,双击鼠标左键激活包围盒,设置孔直径为 36,按<Enter>键结束。

2）选择管理树左下角的"设计环境"立即菜单,按着<Ctrl>键拾取步骤 1）生成的两个孔特征,按<F10>键激活三维球工具。按空格键使三维球工具和实体特征脱离,鼠标移动至三维球中心位置,通过右键快捷菜单设置"编辑中心位置"为坐标系原点,单击"确定"按钮。如图 5-57 所示。

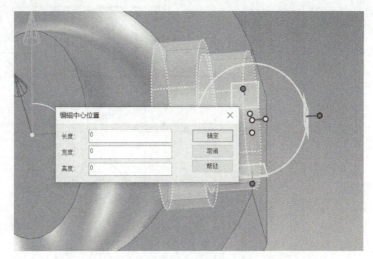

图 5-57 编辑位置

按<F10>键激活三维球工具。先用左键选取 Z 轴方向长轴,右键围绕该轴旋转拖动,松开鼠标,在弹出的快捷菜单中选择"拷贝",角度为 180°,按<F10>键关闭三维球。

3）单击菜单栏"特征",选择"圆角过渡",在属性定义页面中选择"等半径","几何"分别选择两个 $\phi36$ 孔的两个侧边,半径设置为 3。如图 5-58 所示。单击"确定"按钮 ✓,完成圆角过渡。

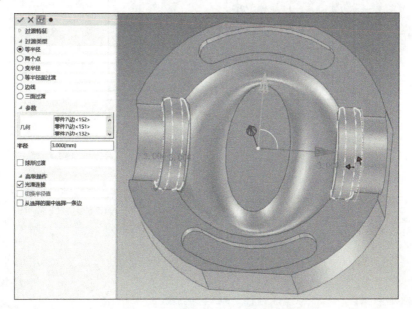

图 5-58 圆角过渡

【拓展训练】

完成如图 5-59 所示零件的曲面实体混合建模。

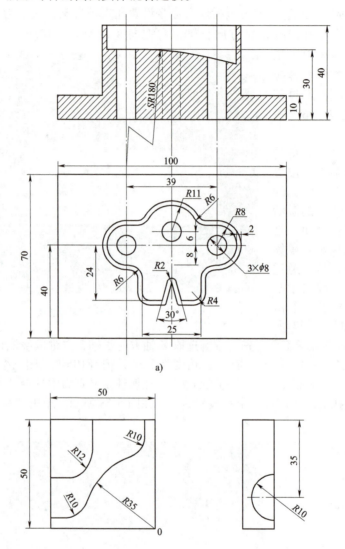

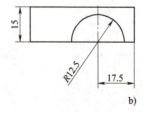

图 5-59　拓展训练

项目 5　曲面实体混合造型

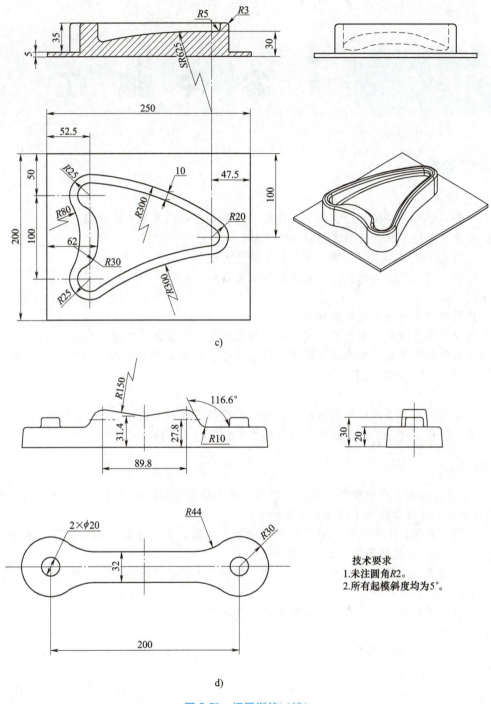

c)

d)

技术要求
1. 未注圆角R2。
2. 所有起模斜度均为5°。

图 5-59　拓展训练（续）

项目 6　零　件　加　工

教学目标

知识目标：
1) 了解 CAXA 制造工程师实现加工编程、仿真验证及代码生成的步骤。
2) 掌握常用的二轴、三轴及四轴加工方法。
3) 理解基于线架和基于三维的不同加工编程方法。
4) 理解不同加工方法的轨迹生成原理与注意事项。

能力目标：
1) 能正确定义毛坯及工件坐标系。
2) 能够正确合理地分析加工工艺，选择加工方法及设置加工参数。
3) 能够熟练使用软件中的后置处理、程序生成、程序检验和校核等功能，从而编制各种类型零件加工所需的加工程序。

素养目标：
1) 形成根据图样或三维模型信息分析加工工艺的思路和方法。
2) 养成规范化建模、加工程序编制与工程文件留档的习惯。

项目内容

本项目通过案例方式对零件加工工艺的分析思路及利用 CAXA 制造工程师建模编程的流程方法进行讲解。进行零件加工的基本步骤如下。

1) 根据零件图，利用前面项目讲解的三维曲线造型、曲面造型、实体造型、混合造型等方法绘制刀具轨迹生成所需要的加工造型。
2) 综合考虑机床性能、零件形状特征等，选择加工方式，生成刀具轨迹。
3) 刀具轨迹仿真验证。
4) 根据使用机床的实际情况，设置机床设备及参数。
5) 生成数控程序代码。

根据上述思路，按照案例任务要求完成零件的造型、工艺分析、加工设置、轨迹仿真验证及生成代码等工作。

6.1　凸台零件加工

完成如图 6-1 所示的凸台零件的实体造型和加工。

6-1　凸台零件加工

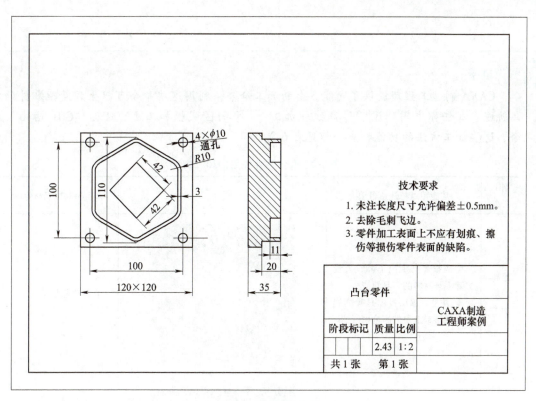

图 6-1　凸台零件图

6.1.1　工艺分析

1. 确定工件坐标系及毛坯尺寸

1）毛坯尺寸为 120mm×120mm×35mm。

2）工件坐标系原点设置为零件顶面的中心，编程原点确定后对刀位置与原点重合，对刀方法可根据机床选择。

2. 图样工艺分析

零件的加工工艺与对应的 CAXA 制造工程师加工指令见表 6-1。

表 6-1　凸台零件加工工艺

序号	加工工艺	加工指令	加工位置图示
1	粗加工六边形与正方形凸台	三轴→等高线粗加工	
2	精加工六边形与正方形凸台	二轴→平面区域粗加工 2	
3	加工四个 φ10 通孔	孔加工→G01 钻孔	

知识链接

CAXA 制造工程师提供了功能齐全的加工命令，利用这些命令可以生成复杂零件的加工轨迹。本任务中用到了"等高线粗加工""平面区域粗加工 2"以及"G01 钻孔"命令，这些加工方法的功能特点介绍见表 6-2。

表 6-2　凸台零件使用的加工命令

加工命令	功能特点与注意事项	图例	相似加工命令
等高线粗加工	生成按等高距离下降，大量去除毛坯材料的刀具轨迹 ◆ 注意：顶层高度是等高线刀具轨迹最上层的高度值		自适应粗加工
平面区域粗加工 2	生成平面区域范围内的刀具轨迹 ◆ 注意：最大行距设置不能大于刀具直径的 80%		平面自适应粗加工
G01 钻孔	生成钻孔的刀具轨迹		孔加工

3. 刀具及加工参数

切削条件的好坏直接影响加工的效率和经济性，这主要取决于编程人员的经验，工件的材料及性质，刀具的材料及形状，机床、刀具、工件的刚度，加工精度、表面质量要求，冷却系统等。具体参数见表 6-3、表 6-4。

表 6-3　刀具参数表

序号	刀具名称	规格/mm	用途	刀具材料
1	立铣刀	φ8	粗加工六边形与正方形凸台	硬质合金
2	立铣刀	φ6	精加工六边形与正方形凸台	硬质合金
3	钻头	φ10	加工四个 φ10 通孔	硬质合金

表 6-4　凸台零件加工参数表

工步	加工内容	刀具编号	刀具名称	规格/mm	主轴速度/(r/min)	进给速度/(mm/min)	切削深度/mm	加工余量/mm
1	粗加工六边形与正方形凸台	T100	立铣刀	φ8	3500	1500	1	0.5
2	精加工六边形与正方形凸台	T99	立铣刀	φ6	4000	400	10	0
3	φ10 通孔	T98	钻头	φ10	500	50	20	0

6.1.2　加工设置

1. 粗加工六边形与正方形凸台

1）如图 6-2 所示，选择左侧"加工"立即菜单；右键单击"标架"弹出快捷菜单，鼠标左键选择"创建坐标系"，弹出"创建坐标系"对话框。选择"原点坐标"里的"点"，如图 6-3 所示，弹出"点拾取工具"对话框。选择零件顶面的中心点，单击"确定"按钮 ✓，如图 6-4 所示。退出"点拾取工具"对话框后，单击"确定"按钮即可。

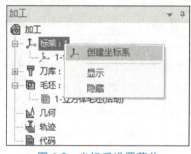

图 6-2　坐标系设置菜单

图 6-3　"创建坐标系"对话框　　　图 6-4　拾取坐标系原点

2）如图 6-2 所示，同样方法选择"毛坯"，单击右键弹出快捷菜单，选择"拾取参考模型"，弹出如图 6-5 所示的"创建毛坯"对话框；单击选择需要加工的零件实体，单击"确定"按钮 ✓，如图 6-6 所示。退出"面拾取工具"对话框，单击"确定"按钮。

3）菜单栏单击"制造"，选择"三轴"加工指令中的"等高线粗加工"，如图 6-7 所示。

4）在弹出的对话框选择"几何"选项卡，单击"加工曲面"，选择界面中的零件，如图 6-8 所示；然后单击"确定"按钮 ✓；单击"毛坯"，选择设置好的毛坯，单击鼠标右键确定毛坯选取。

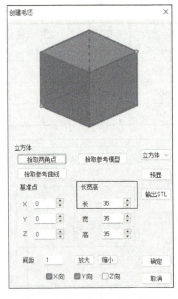

图6-5 "创建毛坯"对话框

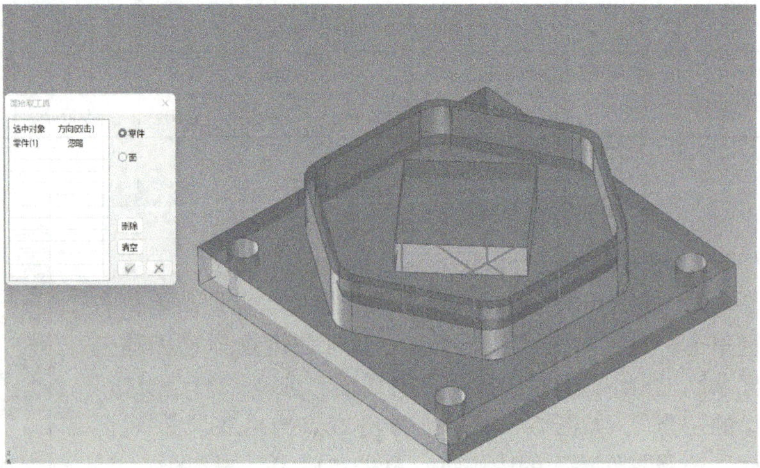

图6-6 拾取毛坯参考模型

图6-7 选择"等高线粗加工"

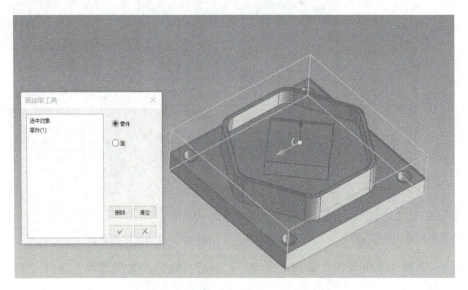

图6-8 等高线粗加工-几何参数设置

5) 如图6-9所示,选择"刀具参数"选项卡,"类型"设置为"立铣刀";"直径"设置为8,"刀具号"设置为100;单击"DH同值"按钮,将"半径补偿号"和"长度补偿号"设置为与"刀具号"相同的数值;其他参数值保持默认设置。

6) 如图6-10所示,选择"加工参数"选项卡。"层高"设置为1;"行距"设置为4,加工余量按表 6-4 中参数设置"整体余量"为 0.5；单击"速度参数"按钮，按表 6-4 中参数设置加工速度参数。单击"确定"按钮，得到如图 6-11 所示加工轨迹。在生成后序轨迹的时候，前序轨迹的显示可能会影响加工设置时对零件上特征的查看和拾取，可以选择将轨迹暂时隐藏以便操作。在本例中，可以通过右键单击轨迹树中的"等高线粗加工"，在弹出的快捷菜单中选择"隐藏"。

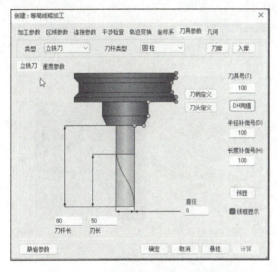 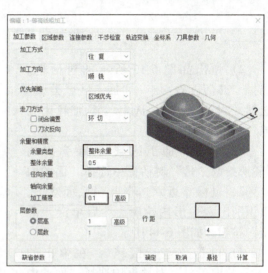

图 6-9　等高线粗加工-刀具参数设置　　　　图 6-10　等高线粗加工-加工参数设置

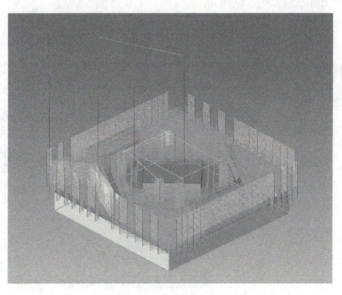

图 6-11　等高线粗加工加工轨迹

技巧提示

如图 6-9 所示，单击"入库"按钮，可以把设置好的刀具参数保存到刀库里，单击"刀库"按钮可以查看刀库中存储的所有刀具信息，下次在使用同样刀具参数时就可以直接进入刀库里进行选取，提高参数设置效率。单击菜单栏中的"制造"→"创建"→"刀具"，也可以完成对刀具的定义。

2. 精加工六边形与正方形凸台

1）单击菜单栏"制造",选择"二轴"加工指令中的"平面区域粗加工 2",如图 6-12 所示。

图 6-12 选择"平面区域粗加工 2"

2）弹出如图 6-13 所示的对话框。选择"几何"选项卡；"加工区域类型"选择"封闭区域"；选中"添加避让区域"。

3）单击"加工区域",在弹出的"轮廓拾取工具"对话框中选择"面的内外环",鼠标靠近六边形凸台底面双击,以识别出六边形内轮廓,然后单击"确定"按钮,如图 6-14 所示。

4）单击"避让区域",在弹出的"轮廓拾取工具"对话框中选择"面的内外环",鼠标双击正方形凸台顶面以拾取正方形轮廓,然后单击"确定"按钮,如图 6-15 所示。

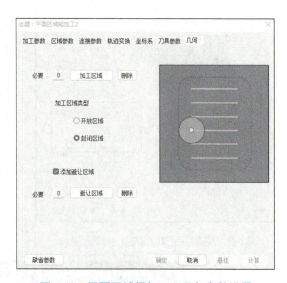

图 6-13 平面区域粗加工 2-几何参数设置

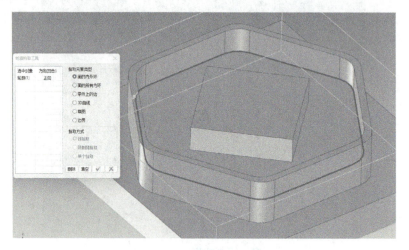

图 6-14 拾取加工区域

5）如图 6-16 所示,选择"刀具参数"选项卡,参照前面步骤按表 6-3、表 6-4 要求对刀具参数进行设置。

6）选择"加工参数"选项卡,单击"顶层高度"→"拾取",单击鼠标左键选择图 6-17 所示底面；单击"底层高度"→"拾取",单击鼠标左键选择底面,即顶层和底层为同一平面。此种设置方式可确保在等高线粗加工预留余量 0.5 的基础上,精加工轨迹为一层,轨迹线位于所选底面上。

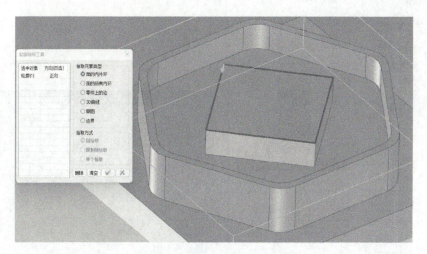

图 6-15 拾取正方形避让区域

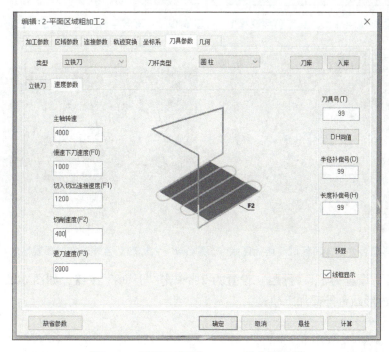

图 6-16 平面区域粗加工 2-刀具参数设置

7)"层高"设置为 1,"行距"设置为 2,单击"确定"按钮,如图 6-18 所示。得到如图 6-19 所示六边形凸台内部加工轨迹。

8)参考前面步骤生成六边形凸台外部的加工轨迹。在如图 6-13 所示的"平面区域粗加工 2"对话框中,选择"加工区域类型"为"开放区域"。如图 6-20 所示,分别设置"加工区域"和"避让区域"。

9)选择"刀具参数"选项卡,设置值与六边形凸台内部加工使用的刀具值相同。"顶层高度"→"拾取"和"底层高度"→"拾取"均选取图 6-21 所示底面。

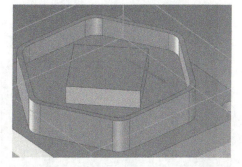

图 6-17 平面区域粗加工 2-顶层高度与底层高度设置

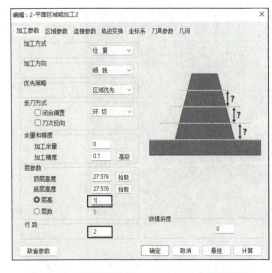

图 6-18　平面区域粗加工 2-加工参数设置 1　　图 6-19　平面区域粗加工 2-六边形凸台内部加工轨迹

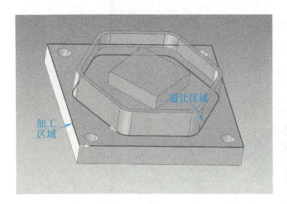

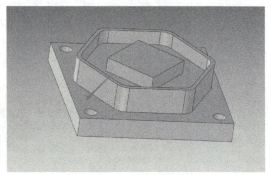

图 6-20　六边形凸台外部加工区域与避让区域　　图 6-21　六边形凸台外部加工顶层高度与底层高度设置

10)"层高"设置为 1,"行距"设置为 2,单击"计算"按钮,如图 6-22 所示。得到如图 6-23 所示六边形凸台外部加工轨迹。

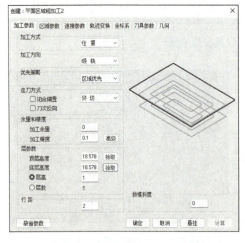

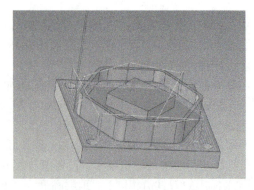

图 6-22　平面区域粗加工 2-加工参数设置 2　　图 6-23　平面区域粗加工 2-六边形凸台外部加工轨迹

3. 加工四个 $\phi 10$ 通孔

1）选择"制造"→"孔加工"→"G01 钻孔"，如图 6-24 所示。

图 6-24　选择"G01 钻孔"

2）在弹出的对话框中选择"几何"选项卡，单击"拾取"，在弹出的对话框中选择"面上所有孔"；然后选择如图 6-25 所示底面，圆孔轴方向如图中所示，单击"确定"按钮 ✓。

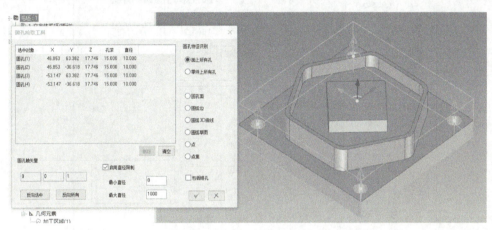

图 6-25　拾取通孔特征

3）在"几何"选项卡中单击"圆孔 1"，考虑钻头刀具前端锥度和通孔长度为 15，将"设定孔深"的值设置为 25，设定深度后单击"修改所有孔"按钮，如图 6-26 所示；然后在"刀具参数"选项卡中按照表 6-4 中的钻头参数进行定义，最后单击"确定"按钮，得到如图 6-27 所示钻孔加工轨迹。

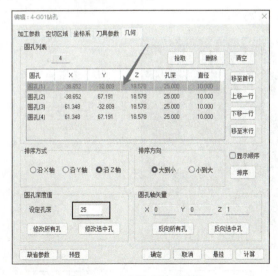

图 6-26　设置孔加工深度

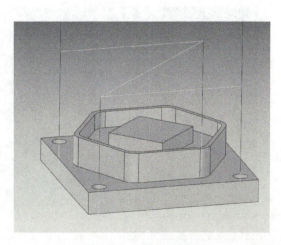

图 6-27　钻孔加工轨迹

6.1.3 轨迹仿真验证

1)在"加工"立即菜单中选择"轨迹",单击右键弹出如图 6-28 所示快捷菜单,选择"显示",可以显示轨迹树中列出的 6.1.2 节中生成的所有加工轨迹。再次右键单击"轨迹"节点,在快捷菜单中选择"实体仿真";弹出如图 6-29 所示"实体仿真"对话框,所有生成的轨迹在仿真列表中出现,单击"仿真"按钮。

图 6-28 轨迹操作菜单

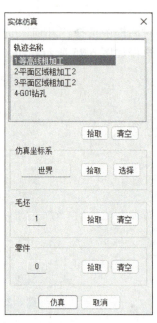

图 6-29 凸台零件加工仿真轨迹

2)进入仿真界面后,单击"运行"▶,系统进入加工仿真状态,加工结果如图 6-30 所示。

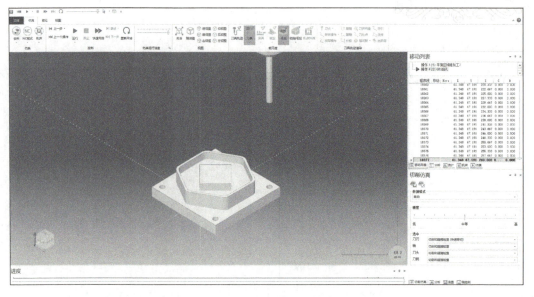

图 6-30 凸台零件加工仿真

3）仿真结束后，选择"文件"→"退出"，即可回到 CAXA 制造工程师主界面。观察检验仿真过程，若结果无误，可以在菜单栏选择"文件"→"保存"，存储轨迹。若仿真结果有问题，可以调整加工设置进行轨迹修正。

6.1.4 生成 G 代码

1）在"加工"立即菜单中选择"轨迹"，单击右键弹出如图 6-31 所示快捷菜单，选择"后置处理"。

2）如图 6-32 所示，选择"后置处理"对话框中的"控制系统"为 Fanuc（实际选择系统时应根据加工设备的控制系统对应选取）；"设备配置"为"铣加工中心_3X"，单击"后置"按钮，进入图 6-33 所示"编辑"对话框。

图 6-31 选择"后置处理"选项

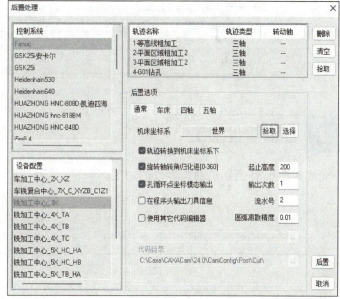

图 6-32 后置处理界面

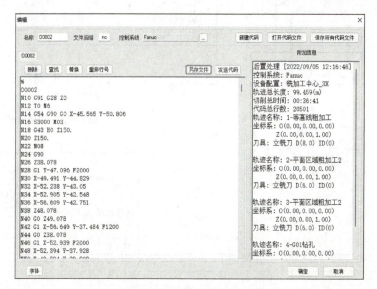

图 6-33 凸台零件后置编辑

3）单击图 6-33 中"另存文件"按钮，弹出"另存为"对话框，设置好代码文件的保存位置和名称后单击"保存"按钮保存加工代码，如图 6-34 所示。

图 6-34　保存加工代码

6.2　曲面零件加工

完成如图 6-35 所示的曲面零件的加工。

6-2
曲面零件加工

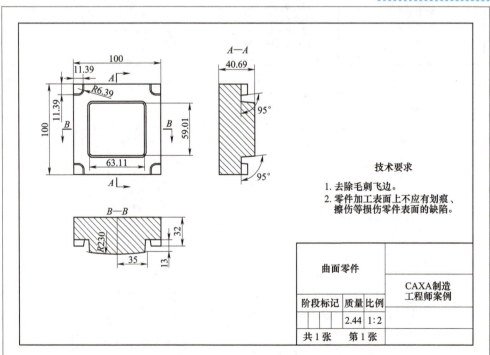

图 6-35　曲面零件图

6.2.1 工艺分析

1. 确定工件坐标系及毛坯尺寸

1）毛坯尺寸为 100mm×100mm×45mm，参考零件高度，毛坯在高度方向留有余量。

2）考虑加工过程对刀，工件坐标系原点设置为毛坯底面的中心，编程原点确定后对刀位置与原点重合，对刀方法可根据机床选择。

2. 图样工艺分析

零件的加工工艺与对应的 CAXA 制造工程师加工指令见表 6-5。

表 6-5　曲面零件加工工艺

序号	加工工艺	加工指令	加工位置图示
1	粗加工凸台	三轴→等高线粗加工	
2	精加工凸台侧面	三轴→等高线精加工	
3	精加工中间凸台顶面	三轴→参数线精加工	

知识链接

CAXA 制造工程师提供了功能齐全的加工命令，利用这些命令可以生成复杂零件的加工轨迹。本任务中用到了"等高线粗加工""等高线精加工"以及"参数线精加工"命令，这些加工方法的功能特点介绍见表 6-6。

表 6-6　凸台零件使用的加工命令

加工命令	功能特点与注意事项	图　例	相似加工命令
等高线粗加工	生成按等高距离下降，大量去除毛坯材料的刀具轨迹 ◆ 注意：顶层高度是等高线刀具轨迹的最上层的高度值		自适应粗加工

(续)

加工命令	功能特点与注意事项	图 例	相似加工命令
等高线精加工	生成按等高距离下降的精加工的刀具轨迹 ◆ 注意：高度范围的起始值是三维偏置刀具轨迹的最上层的高度值	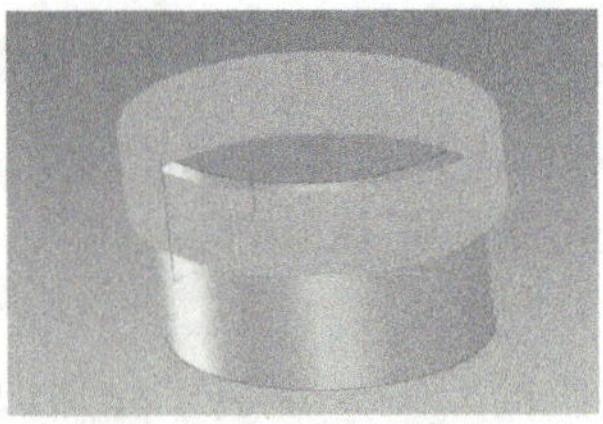	三维偏置加工
参数线精加工	生成按等行距偏置的精加工刀具轨迹	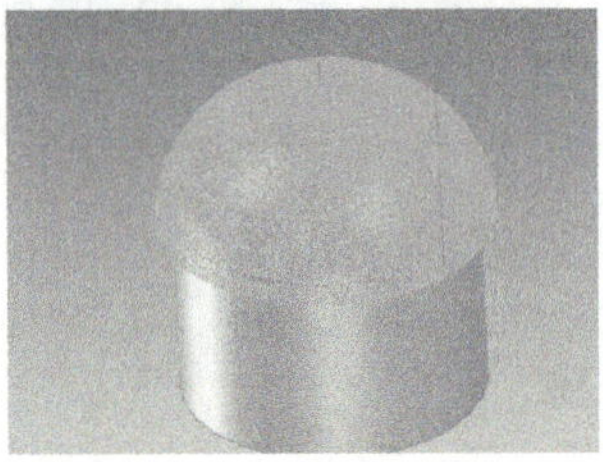	扫面线精加工

3. 刀具及加工参数

切削条件的好坏直接影响加工的效率和经济性，这主要取决于编程人员的经验，工件的材料及性质，刀具的材料及形状，机床、刀具、工件的刚度，加工精度、表面质量要求，冷却系统等。具体参数见表 6-7、表 6-8。

表 6-7 刀具参数表

序号	刀具名称	规格/mm	用途	刀具材料
1	立铣刀	φ8	粗加工凸台	硬质合金
2	立铣刀	φ6	精加工凸台侧面	硬质合金
3	球头刀	φ4	精加工中间凸台顶面	硬质合金

表 6-8 曲面零件加工参数表

工步	加工内容	刀具编号	刀具名称	规格/mm	主轴速度/(r/min)	进给速度/(mm/min)	切削深度/mm	加工余量/mm
1	粗加工凸台	T100	立铣刀	φ8	3500	1500	1	0.5
2	精加工凸台侧面	T99	立铣刀	φ6	4000	400	0.2	0
3	精加工中间凸台顶面	T97	球头刀	φ4	5000	500	0.2	0

6.2.2 加工设置

1. 粗加工凸台

1) 选择"菜单"→"文件"→"输入"→"导入几何体"，将已经绘制好的零件三维模型导入设计环境。在"加工"立即菜单中右键单击"标架"，在弹出的快捷菜单中选择"创建坐标系"，弹出"创建坐标系"对话框。选择"原点坐标"里的"点"，弹出"点拾取工具"对话框。选择零件底面的中心点，单击"确定"按钮 ✓，如图 6-36 所示。退出"点拾取工具"对话框后，单击"确定"按钮。

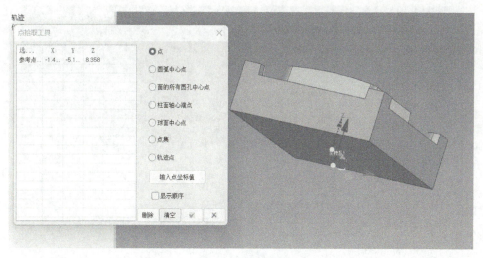

图 6-36　拾取底面点

2）在"加工"立即菜单中右键单击"毛坯"，在弹出快捷菜单中选择"拾取参考模型"，单击选择需要加工的零件实体，单击"确定"按钮 ✓，退出拾取对话框。在"创建毛坯"对话框中将高度值改为 45，单击"确定"按钮，如图 6-37 所示。

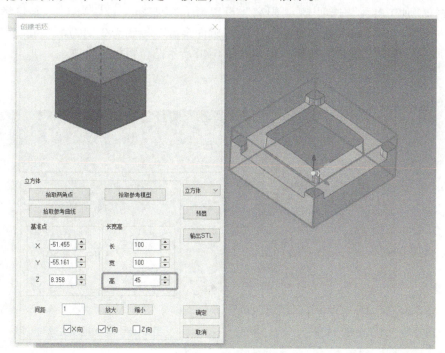

图 6-37　毛坯设置

3）选择"制造"→"三轴"→"等高线粗加工"。

4）在弹出的对话框中选择"几何"选项卡，选择"加工曲面"，鼠标左键选择零件，单击"确定"按钮 ✓；单击"毛坯"，鼠标左键选择设置好的毛坯，单击鼠标右键确定，如图 6-38 所示。

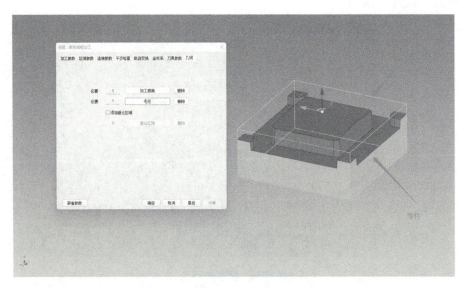

图 6-38 选择几何参数

5) 选择"刀具参数"选项卡，按表 6-7、表 6-8 设置"刀具参数"及"速度参数"，也可以直接调出 6.1 节设置好的 $\phi 8$ 立铣刀参数，在此基础上进行修改。

6) 选择"加工参数"选项卡，"层高"设置为 1；"行距"设置为 4，"余量类型"设置为"径轴向余量"，"径向余量"设置为 0.5，"轴向余量"设置为 0，即加工的底面不留余量；如图 6-39 所示。单击"确定"按钮，得到如图 6-40 所示凸台粗加工轨迹。

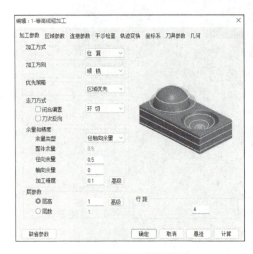

图 6-39 加工参数设置

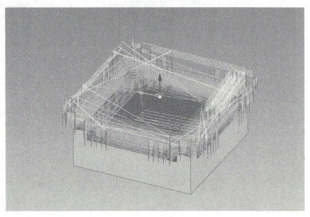

图 6-40 凸台粗加工轨迹

2. 精加工凸台侧面

1) 选择"制造"→"三轴"→"等高线精加工"。

2) 在弹出的对话框中选择"几何"选项卡，选择"加工曲面"，鼠标左键选择零件，单击"确定"按钮 。

3) 选择"刀具参数"选项卡，按表 6-7、表 6-8 设置"刀具参数"及"速度参数"，也可以直接调出 6.1 节设置好的 $\phi 6$ 立铣刀参数，在此基础上进行修改。

4)单击"区域参数"选项卡,选择"高度范围"里的"用户设定",单击"起始值"→"拾取",选择如图 6-41 所示顶面,单击"终止值"→"拾取",选择如图 6-41 所示底面,得到结果如图 6-42 所示。

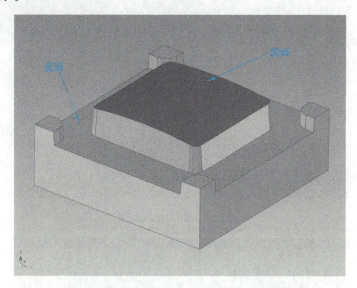

图 6-41 等高线精加工区域起止高度选取

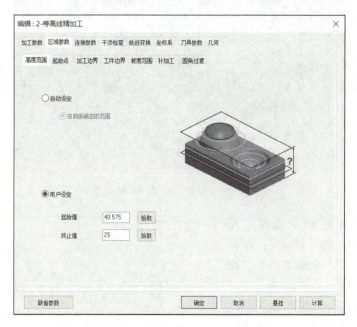

图 6-42 等高线精加工区域参数设置

选择"加工边界",选中"使用"激活"拾取加工边界"功能,选择图 6-43 所示曲线为加工边界。

5)选择"加工参数"选项卡,"层高"设置为 0.2,曲面精加工推荐层高"0.2~0.3";"整体余量"设置为 0,单击"确定"按钮,得到如图 6-44 所示的加工轨迹。

3. 精加工中间凸台顶面

1)选择"制造"→"三轴"→"参数线精加工"。

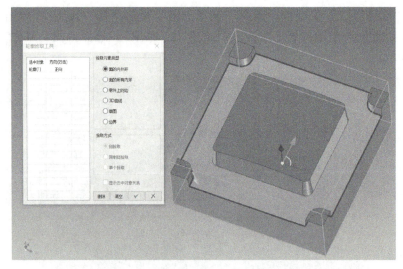

图 6-43 拾取加工边界

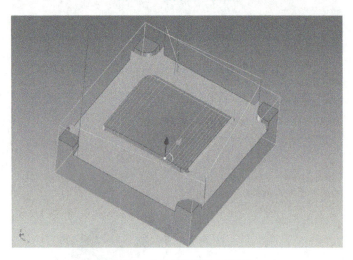

图 6-44 凸台侧面精加工轨迹

2）在弹出的对话框中选择"几何"选项卡，选择"加工曲面"，鼠标左键选择中间凸台顶面曲面，单击"确定"按钮。

3）选择"刀具参数"选项卡，"类型"设置为"球头铣刀"，"直径"设置为 4，其他参数按表 6-8 进行设置。

4）选择"加工参数"选项卡，"行距"设置为 0.2，曲面精加工推荐行距"0.2~0.3"；如图 6-45 所示，单击"确定"按钮，得到结果如图 6-46 所示加工轨迹。

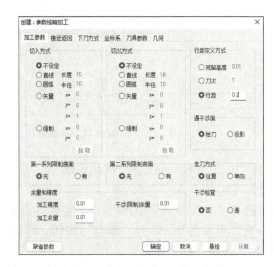

图 6-45 参数线精加工-加工参数

6.2.3 轨迹仿真验证

1）在"加工"立即菜单中选择"轨迹",单击右键弹出快捷菜单,选择"实体仿真",在弹出的"实体仿真"对话框中单击"仿真"按钮,如图 6-47 所示。

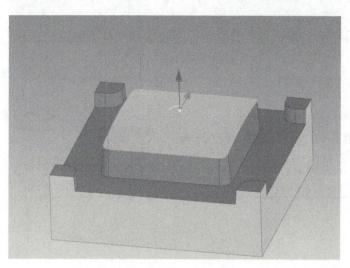

图 6-46 中间凸台顶面加工轨迹

图 6-47 曲面零件加工仿真轨迹

2）进入仿真界面后,单击"运行" ▶,得到仿真结果,如图 6-48 所示。仿真结束后,选择"文件"→"退出",即可回到 CAXA 制造工程师主界面。观察检验仿真过程,若结果无误,可以在菜单栏选择"文件"→"保存"命令,存储轨迹。若仿真结果有问题,可以调整加工设置进行轨迹修正。

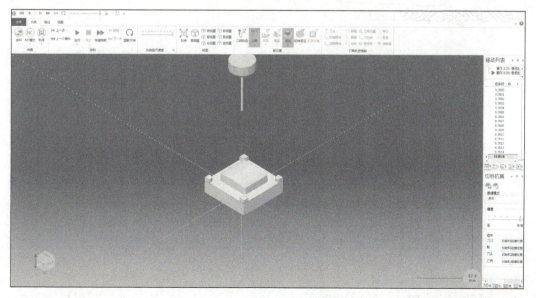

图 6-48 曲面零件加工仿真

6.2.4 生成G代码

1）在"加工"立即菜单中选择"轨迹",单击右键弹出快捷菜单,选择"后置处理",也可以在轨迹树中右键单击某一个轨迹,如"1-等高线粗加工",单独生成轨迹。

2）选择"后置处理"对话框中的"控制系统"为Fanuc（实际选择系统时应根据加工设备的控制系统对应选取）;"设备配置"为"铣加工中心_3X",单击"后置"按钮,进入"编辑"对话框。

3）单击"另存文件",弹出"另存为"对话框,设置好保存位置和名称后单击"保存"即可。

6.3 连杆零件加工

在任务2.1中,已经完成了如图6-49连杆零件的线架绘制,在本任务中基于绘制的线架完成连杆零件的加工。

6-3 连杆零件加工

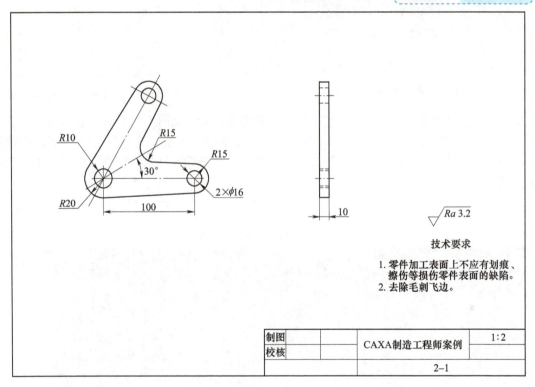

图6-49 连杆零件图

6.3.1 工艺分析

1. 确定工件坐标系及毛坯尺寸

1）毛坯尺寸为150mm×150mm×20mm。

2）第一次装夹,工件坐标系原点设置为毛坯顶面的中心,编程原点确定后对刀位置与原点重合,对刀方法可根据机床选择。翻面后第二次装夹,使用吸盘的装夹方式,工件坐标系原点设置为毛坯底面的中心,编程原点确定后对刀位置与原点重合,对刀方法可根据机床选择。

2. 图样工艺分析

零件的加工工艺与对应的CAXA制造工程师加工指令见表6-9。

表6-9 连杆零件加工工艺

序号	加工工艺	加工指令	加工位置图示
1	粗加工连杆外轮廓	二轴→平面区域粗加工2	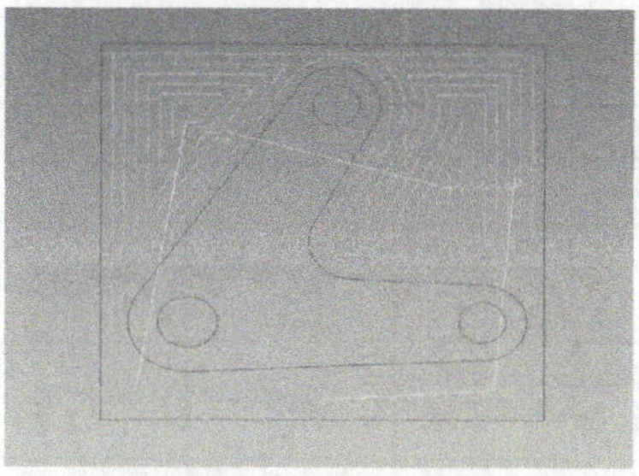
2	粗加工 2×φ16、φ20 孔	二轴→平面区域粗加工2	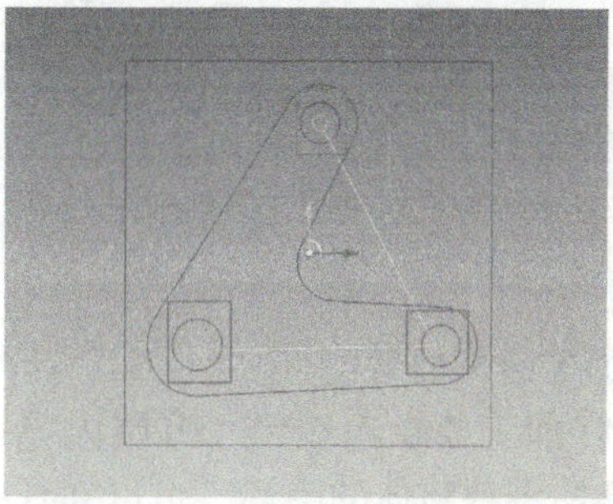
3	精加工连杆外轮廓,2×φ16、φ20 孔	二轴→平面区域粗加工2	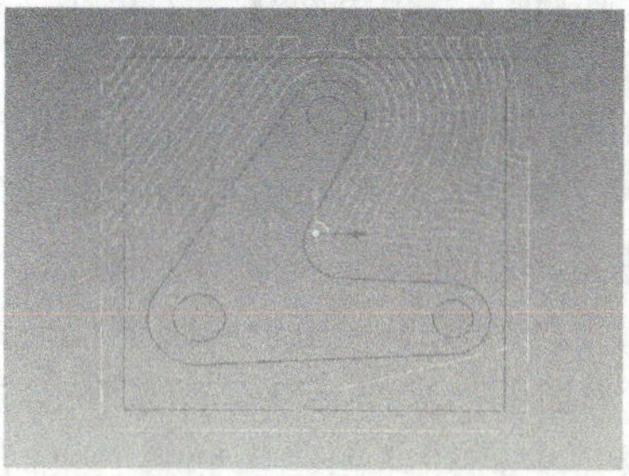
4	二次装夹,加工产品厚度10mm	二轴→平面区域粗加工2	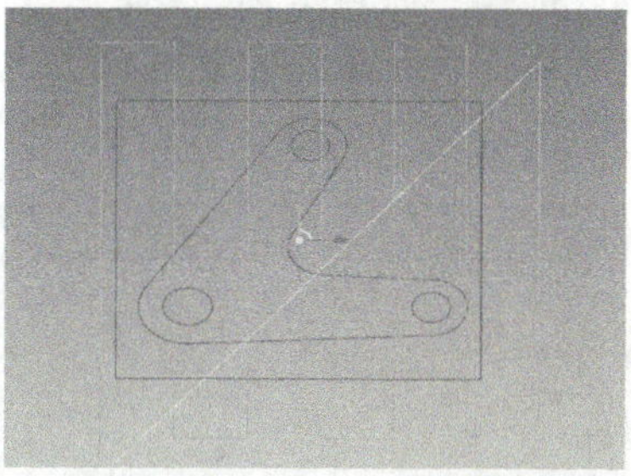

3. 刀具及加工参数

切削条件的好坏直接影响加工的效率和经济性,这主要取决于编程人员的经验,工件的材料及性质,刀具的材料及形状,机床、刀具、工件的刚度,加工精度、表面质量要求,冷却系统等。具体参数见表6-10、表6-11。

表 6-10 刀具参数表

序号	刀具名称	规格/mm	用途	刀具材料
1	立铣刀	φ8	粗加工连杆外轮廓	硬质合金
2	立铣刀	φ6	粗加工 2×φ16、φ20 孔	硬质合金
3	立铣刀	φ10	精加工连杆外轮廓，2×φ16、φ20 孔	硬质合金
4	面铣刀	φ63	二次装夹，加工产品厚度（10mm）	刀片硬质合金

表 6-11 连杆零件加工参数表

工步	加工内容	刀具编号	刀具名称	规格/mm	主轴速度/(r/min)	进给速度/(mm/min)	切削深度/mm	加工余量/mm
1	粗加工连杆外轮廓	T100	立铣刀	φ8	3500	1500	1	0.2
2	粗加工 2×φ16、φ20 孔	T99	立铣刀	φ6	4000	400	0.2	0.2
3	精加工连杆外轮廓，2×φ16、φ20 孔	T96	立铣刀	φ10	5000	500	10	0
4	二次装夹，加工厚度 10mm	T95	面铣刀	φ63	1500	500	1	0

6.3.2 加工设置

1. 粗加工连杆外轮廓

1）连杆加工要在毛坯尺寸范围内完成。为方便建立能够包裹住零件整体的毛坯，可以在任务 2.1 完成绘制的连杆三维曲线文件中创建一个草图，绘制 150×150 的草图曲线，如图 6-50 所示。然后对草图进行拉伸，生成 150×150×20 的实体（图 6-51）来作为创建毛坯时的参考模型。最后在拉伸实体下的"截面"节点单击右键，在快捷菜单中选择"提取 3D 曲线"，如图 6-52 所示，提取出毛坯外轮廓，用于后续编程使用。

2）在"加工"立即菜单中右键单击"标架"，在弹出的快捷菜单中选择"创建坐标系"，弹出"创建坐标系"对话框。选择"原点坐标"里的"点"，弹出"点拾取工具"对话框。选择毛坯参考模型上表面中心点，单击"确定"按钮 ✓，如图 6-53 所示。退出"点拾取工具"对话框后，单击"确定"按钮。

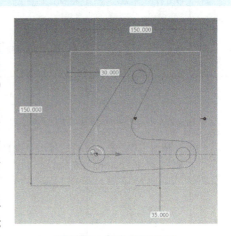

图 6-50 辅助草图绘制

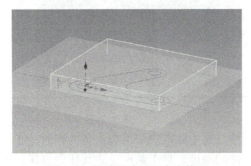

图 6-51 拉伸创建毛坯参考模型

图 6-52 提取毛坯外轮廓曲线

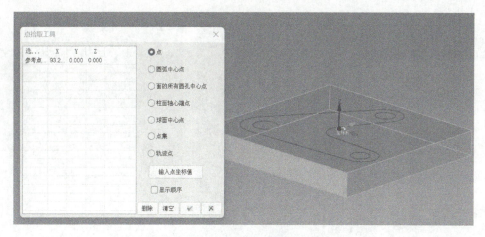

图 6-53 拾取顶面点

3) 在"加工"立即菜单中选择"毛坯",单击右键选择"拾取参考模型";弹出"创建毛坯"对话框。单击选择毛坯零件实体,单击"确定"按钮 ;退出拾取对话框,单击"确认"按钮。为方便编程,毛坯创建完成后将拉伸的实体隐藏。

4) 选择"制造"→"二轴"→"平面区域粗加工 2"。

5) 在弹出的对话框中选择"几何"选项卡;"加工区域类型"选择"开放区域";选中"添加避让区域"。单击"加工区域",在弹出的"轮廓拾取工具"对话框选择"3D 曲线";"拾取方式"选择"链拾取";选择正方形轮廓上任意一边单击,出现箭头后单击任意箭头即可。选择完成后单击"确定"按钮,如图 6-54 所示。单击"避让区域",选择"3D 曲线","拾取方式"选择"链拾取";选择连杆外轮廓上任意一边单击,出现箭头后单击任意箭头即可。选择完成后单击"确定"按钮,如图 6-55 所示。

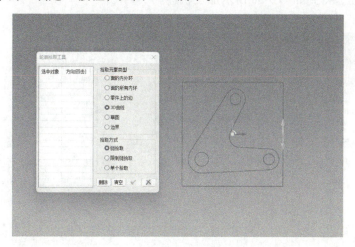

图 6-54 拾取加工区域轮廓

6) 选择"刀具参数"选项卡,按表 6-10、表 6-11 进行设置。

7) 选择"加工参数"选项卡,"层高"设置为 1;"行距"设置为 4;"余量"设置为 0.2;"顶层高度"输入 0,"底层高度"输入 -12。因为零件总高是 10,所以第一面加工时,加工后的高度要大于 10mm,二次装夹加工高度尺寸时将多余物料去除以保证精度;单击"计算"按钮,得到的加工轨迹如图 6-56 所示。

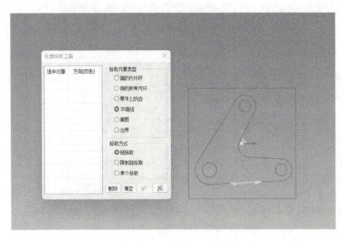 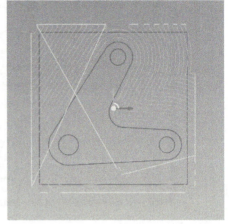

图 6-55　拾取避让区域轮廓　　　　　　图 6-56　外轮廓粗加工轨迹

2. 粗加工 2×ϕ16、ϕ20 孔

1）选择"制造"→"二轴"→"平面区域粗加工 2"。

2）在弹出的对话框中选择"几何"选项卡;"加工区域类型"选择"封闭区域";不选择"添加避让区域"。单击"加工区域",在弹出的"轮廓拾取工具"对话框选择"3D 曲线","拾取方式"选择"链拾取";选择 ϕ16 轮廓上任意一点单击左键,出现箭头后单击任意箭头即可(另外两个孔选择方法相同),选择完成后单击"确定"按钮,如图 6-57 所示。

3）选择"刀具参数"选项卡,按表 6-10、表 6-11 进行设置。

4）选择"加工参数"选项卡,"层高"设置为 1;"行距"设置为 3;"余量"设置为 0.2;"顶层高度"输入 0,"底层高度"输入 -12。因为总高是 10,加工高度略大于总高即可;单击"计算"按钮,得到如图 6-58 所示加工轨迹。

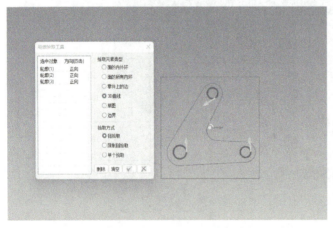 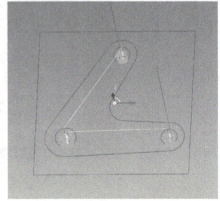

图 6-57　拾取孔轮廓　　　　　　图 6-58　孔粗加工轨迹

技巧提示

连杆外轮廓和 2×ϕ16、ϕ20 孔精加工程序与粗加工程序设置方式相同,参数设置不同的地方为:精加工刀具为 ϕ10;"余量"为 0;"层高"为 12。

3. 二次装夹加工厚度 10mm

1）选择"制造"→"二轴"→"平面区域粗加工 2"。

2）在弹出的对话框中选择"几何"选项卡；"加工区域类型"选择"开放区域"；不选择"添加避让区域"。单击"加工区域"，在弹出的"轮廓拾取工具"对话框选择"3D 曲线"，"拾取方式"选择"链拾取"；选择 150×150 毛坯轮廓上任意一点单击左键，出现箭头后单击任意箭头即可。选择完成后单击"确定"按钮，如图 6-59 所示。

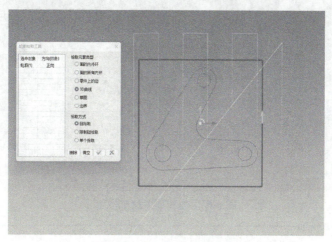

图 6-59 拾取加工区域轮廓

3）选择"刀具参数"选项卡，按表 6-10、表 6-11 进行设置。

4）选择"加工参数"选项卡，"层高"设置为 1；"行距"设置为 30；"余量"设置为 0；"走刀方式"设置为"行切"；"顶层高度"输入 20，"底层高度"输入 10；这是因为二次装夹的工件坐标系在零件底面。单击"计算"按钮，得到如图 6-60 所示加工轨迹。

6.3.3 轨迹仿真验证

1）在"加工"立即菜单中选择"轨迹"，单击右键，在快捷菜单中选择"实体仿真"；在弹出的"实体仿真"对话框中单击"仿真"按钮，如图 6-61 所示。

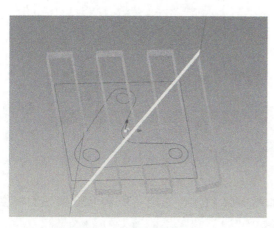

图 6-60 二次装夹加工轨迹

图 6-61 连杆零件加工仿真轨迹

2）进入仿真界面后，单击"运行" ▶，得到仿真结果，如图6-62所示。由于编程设置坐标系方向原因，仿真过程仅会体现翻面加工前的程序。

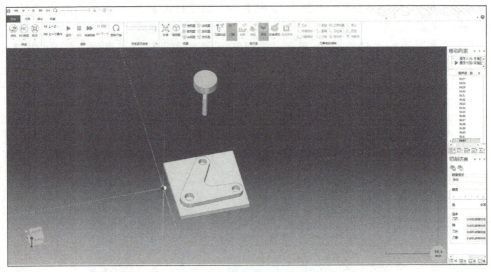

图 6-62　连杆零件加工仿真

> **技巧提示**
> 如果需要完整的仿真效果，二次装夹加工厚度编程时，需要在现有坐标系的基础上将 Z 轴反向，重新建立一个编程坐标系。

3）仿真结束后，选择"文件"→"退出"即可。

6.3.4　生成 G 代码

1）在"加工"立即菜单中选择"轨迹"，单击右键弹出快捷菜单，选择"后置处理"。

2）选择"后置处理"对话框中的"控制系统"为 Fanuc；"设备配置"为"铣加工中心_3X"，单击"后置"按钮。

3）单击"另存文件"，弹出"另存为"对话框，设置好代码保存位置和名称后单击"保存"即可。

6.4　四轴零件加工

使用如图 6-63 所示经磨床加工精坯，完成图 6-64 所示四轴零件的加工。

6-4
四轴零件加工

6.4.1　工艺分析

1. 确定工件坐标系及毛坯尺寸

1）毛坯为磨床已加工精坯，尺寸如图 6-63 所示，左端 $\phi 30$ 和 $\phi 50$ 圆柱无需在铣床上加工。

2）使用自定心卡盘夹持图 6-63 所示毛坯左端 $\phi 30$ 长度 50 的圆柱，尾座顶持毛坯右端端

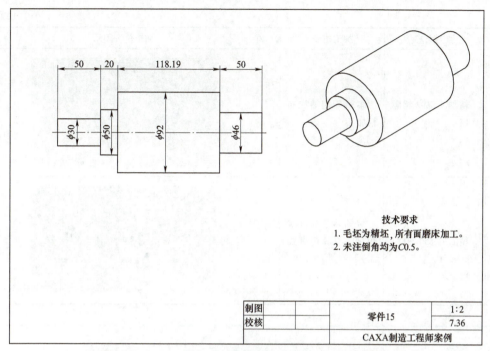

图 6-63 四轴零件毛坯图

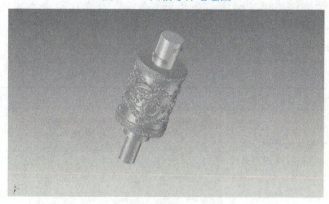

图 6-64 四轴零件模型

面中心,坐标系原点设置为毛坯左端端面的中心,编程原点确定后对刀位置与原点重合,对刀方法可根据机床选择。

2. 图样工艺分析

零件的加工工艺与对应的 CAXA 制造工程师加工指令见表 6-12。

表 6-12 四轴零件加工工艺

序号	加工工艺	加工指令	加工位置图示
1	精加工 $\phi46$ 圆柱凸台	多轴→四轴旋转精加工	

(续)

序号	加工工艺	加工指令	加工位置图示
2	精加工 φ92 浮雕区域	多轴→四轴旋转精加工	
3	精加工 φ50 圆柱	多轴→平面区域粗加工2（包裹加工）	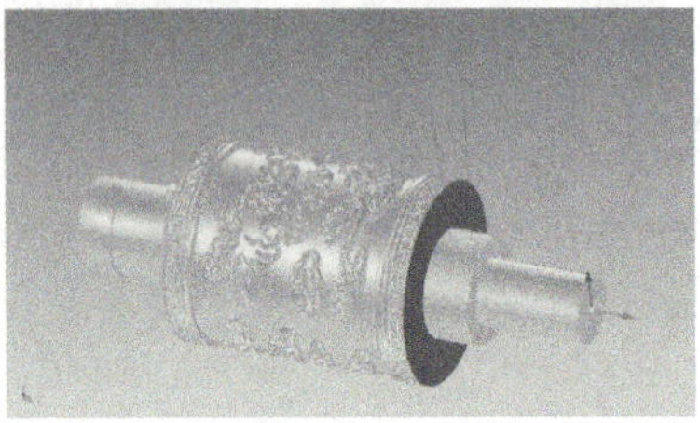

知识链接

CAXA 制造工程师提供了功能齐全的加工命令，利用这些命令可以生成复杂零件的加工轨迹。本任务中用到了"四轴旋转精加工"以及"平面区域粗加工2（包裹加工）"命令，这些加工方法的功能特点介绍见表6-13。

表 6-13　四轴零件使用的加工命令

加工命令	功能特点与注意事项	图　例	相似加工命令
四轴旋转精加工	生成按轴向移动，大量去除毛坯材料的刀具轨迹 ◆ 注意：用户设定的轴向范围起始值的位置就是刀具第一步开始加工的位置		四轴旋转粗加工
平面区域粗加工2（包裹加工）	生成包裹圆柱面，大量去除毛坯的刀具轨迹 ◆ 注意：包裹轴的拾取要对应机床类型和软件坐标系；X 轴对应机床 A 轴，Y 轴对应机床 B 轴	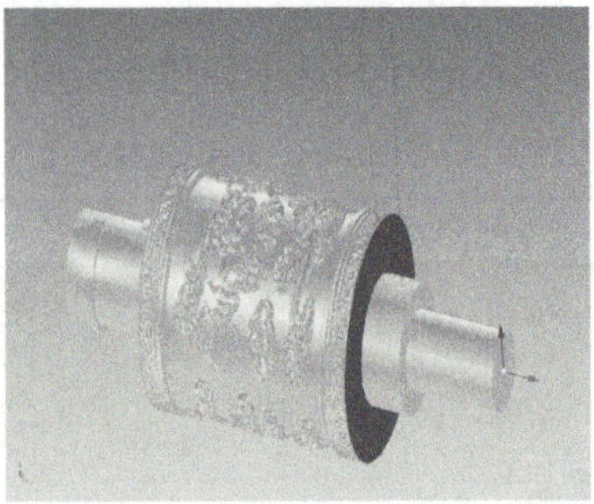	平面自适应粗加工（包裹加工）

3. 刀具及加工参数

切削条件的好坏直接影响加工的效率和经济性，这主要取决于编程人员的经验，工件的材料及性质，刀具的材料及形状，机床、刀具、工件的刚度，加工精度、表面质量要求，冷却系统等。具体参数见表 6-14、表 6-15。

表 6-14 刀具参数表

序号	刀具名称	规格/mm	用途	刀具材料
1	立铣刀	$\phi 4$	精加工 $\phi 46$ 凸台	硬质合金
2	球铣刀	$\phi 2$	精加工 $\phi 92$ 浮雕区域	硬质合金
3	立铣刀	$\phi 10$	精加工 $\phi 50$ 圆柱	硬质合金

表 6-15 四轴零件加工参数表

工步	加工内容	刀具编号	刀具名称	规格/mm	主轴速度/(r/min)	进给速度/(mm/min)	切削深度/mm	加工余量/mm
1	精加工 $\phi 46$ 凸台	T100	立铣刀	$\phi 4$	8000	1500	0.3	0
2	精加工 $\phi 92$ 浮雕区域	T99	球铣刀	$\phi 2$	12000	1500	0.3	0
3	精加工 $\phi 50$ 圆柱	T98	立铣刀	$\phi 10$	8000	1500	1	0

6.4.2 加工设置

1. 精加工 $\phi 46$ 凸台

1）毛坯尺寸如图 6-63 所示，四轴零件加工应在该尺寸范围内完成。因此需要按照图 6-63 所示绘制一个三维毛坯模型，毛坯模型和四轴零件模型中心线重合，然后把绘制好的毛坯体作为创建毛坯时的参考模型。如图 6-65 所示，选择毛坯类型为"三角片"，单击"实体零件"，单击"拾取零件"按钮，选择毛坯。

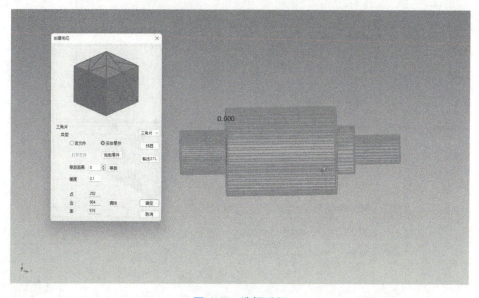

图 6-65 选择毛坯

2）创建坐标系。原点选择毛坯模型 $\phi 30$ 圆柱端面的中心点，单击"X 轴矢量"里的"方向"按钮选择端面,使 X 轴方向垂直于端面,单击"确定"按钮 ✓ ,如图 6-66 所示。退出"点拾取工具"对话框后,单击"确定"按钮。

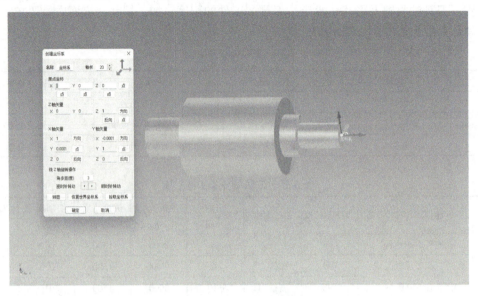

图 6-66　创建坐标系

3) 选择"制造"→"多轴"→"四轴旋转精加工"。
4) 在弹出的对话框中选择"几何"选项卡;"加工曲面"选择整个加工零件。
5) 选择"刀具参数"选项卡,按表 6-14、表 6-15 进行设置。
6) 选择"区域参数"选项卡,选择"用户设定轴向范围",如图 6-67 所示。选择"起始值"→"拾取",选择 A 端面,选择"终止值"→"拾取",选择 B 端面,如图 6-68 所示。因为刀

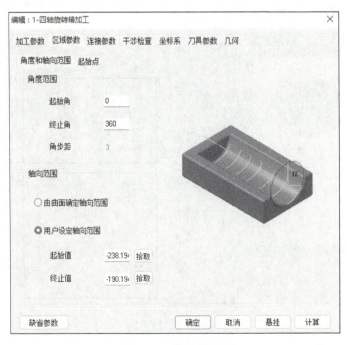

图 6-67　区域参数设置

具直径为 $\phi4$，终止值需要偏移一个刀具半径：$-188.194-2=-190.194$，如图 6-67 所示。

7）选择"加工参数"选项卡，"最大行距"设置为 0.3，单击"确定"按钮，得到如图 6-69 所示加工轨迹。

图 6-68 选择端面

图 6-69 凸台精加工轨迹

2. 精加工 $\phi92$ 浮雕区域

1）选择"制造"→"多轴"→"四轴旋转精加工"。

2）在弹出的对话框中选择"几何"选项卡；"加工曲面"选择整个加工零件。

3）选择"刀具参数"选项卡，按表 6-14、表 6-15 进行设置。

4）选择"区域参数"选项卡，单击"用户设定轴向范围"；选择"起始值"→"拾取"，选择图 6-68 所示 A 端面；选择"终止值"→"拾取"，选择如图 6-70 所示 C 端面。

5）选择"加工参数"选项卡，"最大行距"设置为 0.3，单击"确定"按钮，得到如图 6-71 所示加工轨迹。

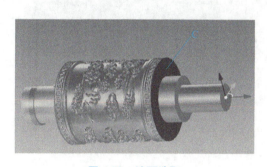

图 6-70 端面选取

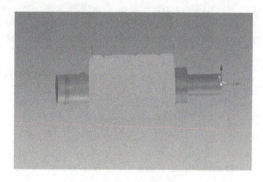

图 6-71 浮雕区域精加工轨迹

3. 精加工 $\phi50$ 圆柱

1）选择"制造"→"二轴"→"平面区域粗加工 2"。

2）在弹出的对话框中选择"几何"选项卡；取消"添加避让区域"的选择；"加工区域"设置为"封闭区域"，选择已经绘制好的草图曲线（草图平面和圆柱面相切，基于圆柱展开的平面轮廓尺寸，为保证包裹后轨迹能完全覆盖圆柱，草图在长度方向两端各延长了 10.64），如图 6-72 所示。

3）选择"刀具参数"选项卡，按表 6-14、表 6-15 进行设置。

4）选择"轨迹变换"选项卡，选择"圆柱包裹"，如图 6-73 所示；"包裹轴"选中"X 轴"，"包裹半径"单击"拾取"，选择图 6-72 中的蓝色圆柱面。

5）选择"加工参数"选项卡，"顶层高度"和"底层高度"拾取圆柱和草图相切的圆柱面的象限点；"加工方式"设置为"单向"；"余量"设置为 0；"层高"设置为 1；"行距"设置为 4，单击"确定"按钮，得到如图 6-74 所示加工轨迹。

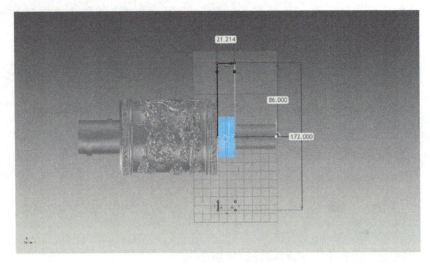

图 6-72　圆柱面加工轨迹展开草图

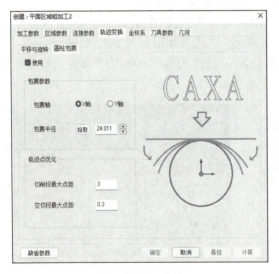

图 6-73　轨迹包裹

图 6-74　圆柱面精加工轨迹

6.4.3　轨迹仿真验证

1）在"加工"立即菜单中选择"轨迹"，单击右键弹出快捷菜单，选择"实体仿真"；在弹出的"实体仿真"对话框中单击"仿真"按钮。

2）进入仿真界面后，单击"运行" ▶，得到仿真结果，如图 6-75 所示。

3）仿真结束后，选择"文件"→"退出"命令即可。

6.4.4　生成 G 代码

1）在"加工"立即菜单中选择"轨迹"，单击右键弹出快捷菜单，选择"后置处理"。

2）选择"后置处理"对话框中的"控制系统"为 Fanuc；"设备配置"为"铣加工中心-4X-TA"，单击"后置"按钮。

项目 6　零件加工

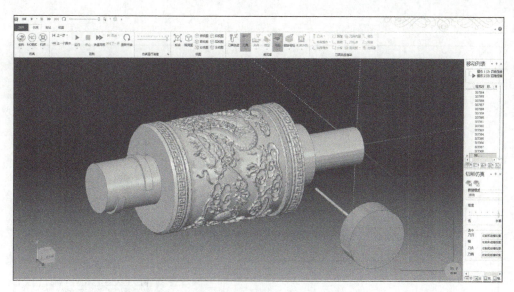

图 6-75　四轴零件加工仿真

3）单击"另存文件"，弹出"另存为"对话框，设置好保存位置和名称后单击"保存"即可。

【拓展训练】

完成如图 6-76 所示零件的造型及加工编程。

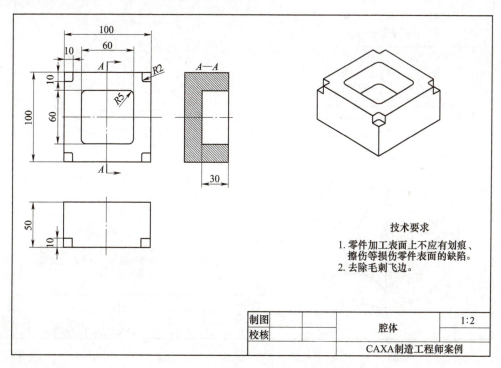

a)

图 6-76　拓展训练

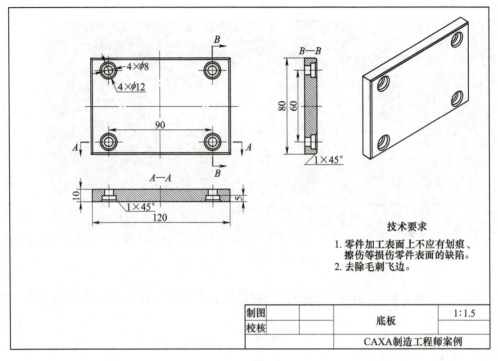

b)

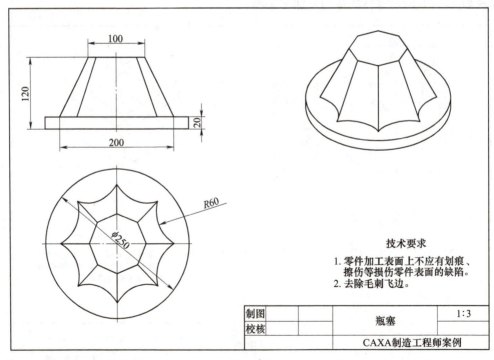

c)

图 6-76 拓展训练（续）

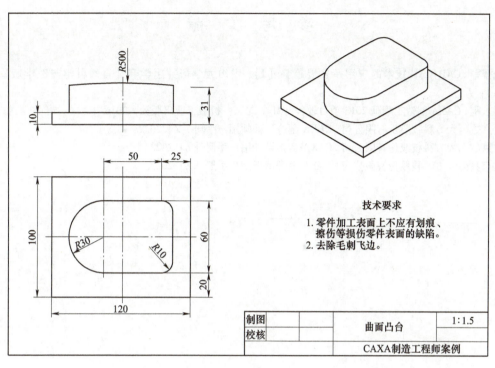

d)

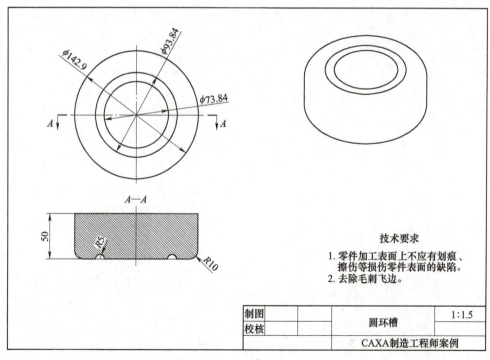

e)

图 6-76 拓展训练（续）

参 考 文 献

［1］朱智军. CAD/CAM 技术的应用及发展趋势［J］. 中山大学研究生学刊（自然科学与医学版），2016（1）：7.
［2］赵永刚. CAXA 制造工程师 2013 项目教程［M］. 北京：机械工业出版社，2016.
［3］北京数码大方科技股份有限公司. CAXA 制造工程师用户手册［Z］. 2022.
［4］北京数码大方科技股份有限公司. CAXA 实体设计用户手册［Z］. 2022.
［5］北京数码大方科技股份有限公司. CAXA 电子图板用户手册［Z］. 2022.